实战指南

瀚高数据库
HIGHGO Database

主　编　苗　健　丁召华
执行主编　李　松

山东城市出版传媒集团·济南出版社

图书在版编目（CIP）数据

瀚高数据库实战指南 / 苗健, 丁召华主编；李松执行主编. -- 济南：
济南出版社, 2022.5
ISBN 978-7-5488-5138-7

Ⅰ.①瀚… Ⅱ.①苗… ②丁… ③李… Ⅲ.①关系数
据库系统—指南 Ⅳ.①TP311.138-62

中国版本图书馆CIP数据核字(2022)第066327号

出 版 人　崔　　刚
责任编辑　范玉峰　董傲囡
装帧设计　曹晶晶

出版发行　济南出版社（济南市二环南路1号）
网　　址　http：//www.jnpub.com
印　　刷　济南龙玺印刷有限公司
成品尺寸　185mm×260mm　1/16
印　　张　20.5
字　　数　300千
版　　次　2022年5月第1版
印　　次　2022年5月第1次印刷
定　　价　98.00元

（济南版图书，如有印装质量问题，请与承印厂联系调换）

编委会

内容简介

本书由浅入深、循序渐进向广大瀚高数据库维护人员、应用开发人员及国产化软件的爱好者全面地介绍瀚高数据库的使用方法和技巧。本书共分上下两篇，上篇（运维篇）主要针对数据库管理人员，包括数据库安装部署、备份管理、日常维护等；下篇（适配开发篇）主要用于指导应用程序开发人员基于瀚高数据库进行开发，指导读者高效完成从国外数据库如 Oracle、Mysql、PostgreSQL 向国产化数据库迁移的工作。

瀚高数据库坚持开源技术路线，是基于目前全球排名前三的 PostgreSQL 开源数据库发展的中国商用版本，同时瀚高也是国际社区中 PostgreSQL 手册中文版的核心翻译贡献者，通过对该书的学习，可以帮助读者掌握 PostgreSQL 的相关技术，书中部分注释内容引用了手册部分内容，因此作为国内为数不多的关于 PostgreSQL 的中文资料也是不错的选择。

书中引用到的电子文章来自瀚高技术支持平台，可通过文章编号查询具体文章，访问地址为 https://support.highgo.com，本书中简称"平台"。

本书将以瀚高数据库安全版 V4.5、企业版 V5 为背景进行介绍说明。编写过程中笔者难免存在遗漏或笔误，感谢您的支持，如有反馈请发送邮件至 support@highgo.com。

对于后期瀚高数据库新功能发布说明及图书内容更正说明会持续在线公示，平台文章编号分别为 013758702、019146002，欢迎关注。

序一

数据库作为基础软件，担当着承上启下的作用，既要承担数据存储，还要对外提供访问，根据业务需求提供相关数据，保证终端业务、用户的正常使用和稳定运行。数据库需要高效、安全、稳定地为应用程序提供支持服务，其重要性不言而喻。

我从事数据库及相关技术的研究工作多年，深知数据库从设计、研制，到推广使用，再到深度优化整个过程的艰辛。当前我们如何能够快速地掌握和使用一个产品，已经成为在国家信息化战略的背景下，日渐旺盛的市场需求。从事国产数据库技术研究的人员越来越多，同时我们都感受到了业内人士对国产数据库的热忱和追求，但由于相关技术资料匮乏，让很多从业者无从着手、无法构成体系，瀚高数据库技术团队从实际出发，专业、务实地编写了本书，以供瀚高数据库技术工程师及爱好者参考学习。

瀚高技术团队根据市场需求，主要从数据库运维管理和适配开发两个方面对瀚高数据库进行了讲解，详细阐述了数据库体系结构、原理、并发控制、性能优化、日常监控管理、集群及适配各种开发语言、框架的方式方法等。这些都来自瀚高技术团队在金融、医疗、水利、地理等多行业客户的实际案例，凝结了其团队多年的经验和感悟。本书内容夯实详细，很适合数据库从业者、开发人员及计划从事数据库行业的相关人员。

信息技术从业者，不仅能够为客户解决技术难题，还能在这个过程中进行总结、提炼，并著书立说，将知识分享出来，这实属难得。国家信息化建设，需要每一位从业者贡献力量，我很欣赏瀚高软件技术团队的身体力行，也希望更多人参与进来，助力国家信息化建设。祝福瀚高数据库，祝愿国产基础软件蓬勃发展。

清华大学信息技术研究院　邢春晓

序二

近年来，从事国产软件研究的企业如雨后春笋，呈百花齐放、百家争鸣之态势，数据库作为基础软件三驾马车之一，从中也诞生了很多从事专门研究的企业，大多企业都是基于开源产品，瀚高数据库便是其中之一。瀚高软件在数据库行业深耕多年，是国内较早从事基于开源数据库 PostgreSQL 发行商业版本的企业。瀚高软件的主打产品瀚高数据库经过近十年的发展，已然成为了国产基础软件的中坚力量。基于开源，得益于社区，瀚高软件也一直在致力于社区推广，并积极参与推动国内社区的发展，为国产信息化生态建设做出突出贡献。

"流水不争先，争的是滔滔不绝"，为助力行业发展和生态建设，瀚高数据库技术团队经过多年积累、吸收，总结了各服务行业案例，编制了本书，为读者提供了一份系统完善的学习资料。

通篇阅览本书，不难发现瀚高软件技术团队的专业和用心，本书可以作为一本工具书，也可以作为一个初学者的引领书籍，亦是开发人员了解数据库的宝典。本书主要讲解的是瀚高数据库，以安装开篇，从体系结构讲起，涉及日常管理、优化、集群、备份恢复以及应用开发适配过程的方法，全面介绍了瀚高数据库，通过学习该书，读者会更加丰富自己的数据库相关知识结构，收获所需知识和经验。

任何技术研究都不能一蹴而就，需要坚持和寻找更好的方法，祝愿每一个技术人学有所成，并在国内数据库社区和生态建设中贡献自己的力量。

丁治明

中国科学院软件所研究员、中科院时空数据管理与数据科学研究中心主任、国务院政府特殊津贴获得者

上篇　运维篇

下篇　适配开发篇

运维篇

第 1 章
瀚高数据库介绍

作为国产数据库行业龙头企业，瀚高软件秉承"振兴民族基础软件"企业使命，以客户为关注焦点，致力于为政企客户提供有核心竞争力的数据库解决方案。多年来，公司始终坚持安全可控和开放创新并重，加强国际交流合作，保持产品解决方案始终处于行业发展前沿。通过不断完善全维度的产品供应和服务支撑能力，在数字经济时代为客户的成功提供强大原动力。

瀚高数据库企业版是瀚高软件融合公司多年数据库开发经验以及在企业级应用方面探索的积累，为企业级客户精心打造的一款拥有完全国产自主知识产权、面向核心交易型业务处理的企业级关系型数据库，也是瀚高在国产数据库开发领域长期深耕而生的里程碑产品。瀚高数据库全面拓展了丰富的企业级功能，在业务处理性能、高可用性、安全性及易用性方面均有大幅度增强，主要增强功能包括：备份恢复管理、流复制集群管理、定时任务管理、闪回查询、内核诊断、数据库性能采集分析与监控机制、在线 DDL 增强、全库加解密、中文分词与检索。该版本主要面向政府、金融等重点行业和领域，已与国内整机厂商、CPU 厂商、操作系统厂商、中间件厂商等生态合作伙伴完成了兼容适配。

瀚高数据库安全版是一款致力于为我国安全领域 IT 信息系统提供高安全、高可用、易使用、符合国家安全标准的企业级关系型数据库，为国家等级保护、商密算法落地及涉及政企客户保密防护的信息系统提供基础支撑。瀚高数据库安全版在企业版的基础上，产品采用多进程模式，能够充分确保高并发情况下数据库的稳定性和扩展性，确保数据库的访问性能和数据安全性。延续传统的关系型数据库优秀特性，数据库事务具有严格的 ACID 特性，通过多版本并发控制（MVCC）、事务日志及约束等技术，在事务处理要求较高的行业和使用场景中，充分满足用户业务系统的严格要求。同时提供更灵活的数据存储方式，使之可适用于更广泛的使用场景。

本书将以瀚高数据库安全版 V4.5、企业版 V5 为标准进行详细介绍。

1.1 产品概述

1.1.1 产品简介

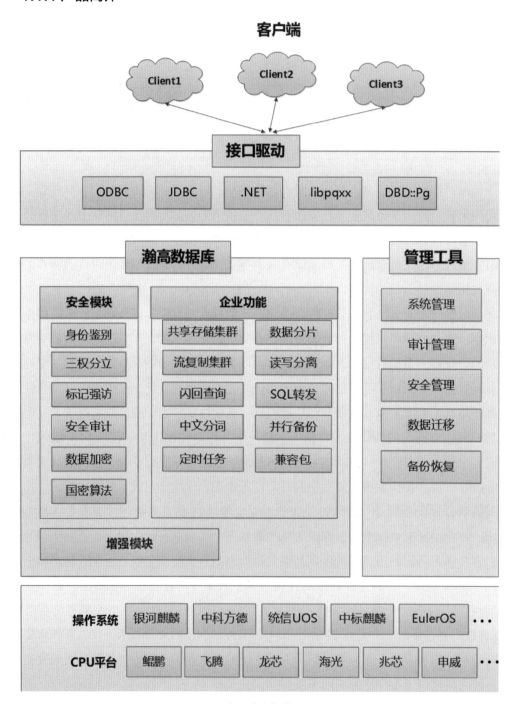

图 1 总体架构

瀚高数据库管理系统是完全自主知识产权的国产数据库产品。瀚高数据库管理系统凭借优秀的体系架构、稳定优异的数据访问性能、丰富的企业功能、灵活的扩展能力在全国各个行业获得广泛的认可，并在政府、金融、教育、制造、能源、交通等多个领域得到广泛的应用。

瀚高数据库已连续多年入围重点采购序列，通过多家权威机构的技术测评并取得了多项权威认证。

瀚高安全版数据库系统 V4.5 是瀚高软件核心开发团队经过多年的研究和实践，根据政企客户的需求量身定制的一款包含数据库核心功能、管理工具、语法兼容包等功能模块的产品。产品不仅扩展了传统安全产品的企业级功能，提高了产品的稳定性、性能和安全性，同时大大增强了产品的易用性，让政企客户用上易用、好用的数据库产品。

1.1.2 产品技术特点

瀚高安全版数据库系统 V4.5 有如下特点：

● 与瀚高企业版数据库系统 V6 内核保持同步，完全兼容瀚高安全版数据库 V4.3.4 所有功能。基于 Oracle 或 MySQL 开发的应用，可通过瀚高迁移工具迁移到瀚高安全版数据库系统 V4.5；基于 PostgreSQL 开发的应用，可无缝迁移到瀚高安全版数据库系统 V4.5。

● 继续延续瀚高安全版数据库 V4.3.4 原有的自研功能，包括三权分立、强防控制、监控审计、资源管理、全数据库加密（HG_FDE）、内置分区表、直接路径批量加载以及其他企业级功能。

● 在上一版本基础上，增强和新增大量丰富的企业级安全功能，如三权分立、安全标记、安全审计、入侵防范、国密算法等。

● 与 Oracle 高度兼容：兼容绝大多数 Oracle 语法及函数。

● 图形化部署与日常管理：使用图形化向导工具安装与配置数据库，过程简单直观。同时公司有相应的瀚高数据库图形管理工具，助力数据库管理员简化数据库的日常管理工作。

1.2 产品主要功能简介

功能类别	功能模块	功能点
安全功能	身份鉴别	提供专用的登录控制模块对登录用户进行身份标识和鉴别。
		对同一用户可采用两种或两种以上组合的鉴别技术实现用户身份鉴别。

续表

安全功能	身份鉴别	提供用户身份标识唯一和鉴别信息复杂度检查功能，保证应用系统中不存在重复用户身份标识，身份鉴别信息不易被冒用。
		提供登录失败处理功能，可采取结束会话、限制非法登录次数和自动退出等措施。
		提供身份鉴别、用户身份标识唯一性检查、用户身份鉴别信息复杂度检查以及登录失败处理功能，可根据安全策略配置相关参数。
	安全标记	具有对数据库管理系统中所有主体和客体进行标记的功能。
		对于从数据库管理系统安全子系统控制范围外输入的未标记客体，可进行默认标记或由安全管理员进行标记；对于输出到数据库管理系统安全子系统外的客体，可标明该数据的安全标记。
	访问控制	提供访问控制功能，依据安全策略控制用户对文件、数据库表等客体的访问。
		访问控制的覆盖范围包括与资源访问相关的主体、客体及它们之间的操作。
		可由授权主体配置访问控制策略，并严格限制默认帐户的访问权限。
		具有对重要信息资源设置敏感标记的功能。
		依据安全策略严格控制用户对有敏感标记重要信息资源的操作。
	三权分立	通过对管理员权限实施三权分立，数据库中不会存在超级管理员或权限过高的角色或用户。
		具有相互独立、相互制约的系统管理员、安全保密管理员和安全审计员三个管理员角色。系统管理员主要负责系统运行维护和生成用户身份标识符；安全保密管理员主要负责用户权限设定、安全策略配置管理；安全审计员主要负责对用户的操作行为进行审计。
	安全审计	提供覆盖到每个用户的安全审计功能，可对应用系统重要安全事件进行审计。
		提供审计进程保护功能，无法恶意中断审计进程；提供审计记录数据防护功能，可防止恶意删除、修改审计记录。

续表

安全功能	安全审计	审计记录的内容包括事件的日期、时间、发起者信息、类型、描述和结果等。
		提供对审计记录数据进行统计、查询及生成审计报表的功能。
	国密算法	引入国密算法中的 SM3 和 SM4 分别用于身份鉴别口令加密和用户数据加密。
	新一代加密技术	支持对加密数据进行增删改查操作。
企业功能	数据分片	对分区表的语法进行增强,支持数据分片管理功能。
	读写分离	支持将业务的查询语句转发到备端,其他操作类型转发到主端。应用只需要连接一个 IP 地址,即可让备端分担主端的读操作,降低主端的业务压力。
	SQL 转发	支持备端将写操作转发到主端执行,接收主端执行结果后再将结果转发给客户端,而读操作留在备端继续执行。
	并行备份	支持并行备份。
管理工具	系统管理	提供安全数据库系统运维管理工具。
	审计管理	提供安全数据库系统审计管理工具。
	安全管理	提供安全数据库系统安全功能管理工具。
	数据迁移	提供安全数据库系统迁移工具。
	备份恢复	提供安全数据库系统备份恢复工具。
接口	接口驱动	支持 Perl、Java、C++、JavaScript、.NET、Tcl、Go、ODBC、Python 等接口驱动。
性能	稳定性	产品经过严格的标准 TPCC 7*24 小时产品稳定运行测试。
	高可用性	能完全兼容以往版本的所有特点和高可用性功能。
	数据库性能	单机数据库实例,TPCC 性能 >10 W。（测试环境为国产平台）
数据库管理	易用性	提供图形化安装界面。
		提供图形化管理工具,方便浏览,易操作。
		提供图形化迁移工具,方便数据迁移。
	兼容性	支持主流的国产 CPU 及操作系统组合平台。
		可与其他安全可靠数据库产品在同一台服务器上安装运行。

1.3 产品体系结构

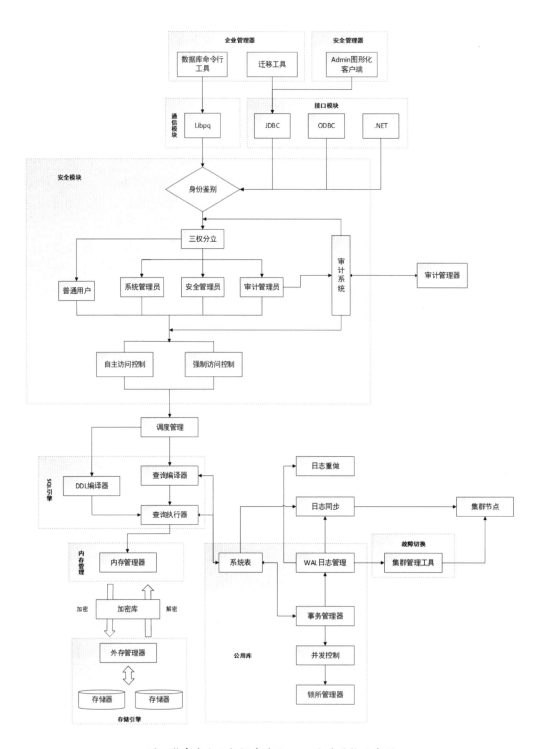

图 2 瀚高安全版数据库系统 V4.5 体系结构示意图

瀚高安全版数据库系统 V4.5 采用多进程模式，能够充分确保高并发情况下数据库的稳定性和扩展性。客户端经过身份鉴别认证与守护进程建立连接后，与数据库实例的共享内存区进行交互。后台写进程、日志写进程、状态收集进程、自动清理进程、归档进程等后台进程维护数据库实例的内存结构，确保数据库的访问性能和数据安全性。

瀚高安全版数据库系统 V4.5 具备传统的关系型数据库优秀特性，严格遵循 ACID 特性，通过多版本并发控制（MVCC）、事务日志及约束等技术，在事务处理要求较高的行业和使用场景中，充分满足用户业务系统数据访问一致性的严格要求。同时通过对 JSON/JSONB 的支持具备了 NoSQL 的特性，提供更加灵活的数据存储方式。

1.4 产品核心技术与特性

瀚高安全版数据库系统 V4.5 拥有丰富的特性与核心技术，具备高性能、易用性、高安全、高兼容等特性。下面分别对这些特性进行概要介绍。

1.4.1 高性能

1.4.1.1 数据分区

瀚高安全版数据库系统 V4.5 提供了多种数据分区方案：范围分区、列表分区、哈希分区。通过分区可以把大表（超大表）分成若干个子表：

● 单个分区表相对较小，可以保持在内存里，适合把热数据从大表拆分出来的场景。

● 对于大范围查询场景，可以使用分区表扫描。减少索引带来的额外资源消耗。

● 对于大表数据删除，使用 Delete 会带来大量的 VACUUM 操作，同时耗时较长。使用分区表可以直接 DROP 分区，或者脱离子表和父表的继承关系，对系统负载影响极小，响应速度非常快。

在适用场景下，合理使用分区，可以让数据库系统获得指数级的性能提升。

1.4.1.2 FDW 聚合下推

瀚高安全版数据库系统 V4.5 中的 FDW（Foreign Data Wrappers）扩展可以将聚合函数和 FULL JOIN 操作下推到远程服务器计算结果并返回到本机，而不必获取远程服务器的所有行后在本地进行聚合计算，大大节省了数据传输的成本，特别是在大数据量的情况下，充分利用了远程服务器的计算资源。

1.4.1.3 自定义多列混合统计信息

瀚高安全版数据库系统 V4.5 增加了自定义多列混合统计信息，可以更为精确地估算 SQL 执行成本，从而获得相对精准的 SQL 执行计划，实现 SQL 语句的高效运行。

1.4.1.4 数据分片

瀚高安全版数据库系统 V4.5 支持数据分片（sharding）技术。

通过本地数据库外部数据封装器（FDW）实现在一个或多个外部服务器中保存数据以分散负载的功能。在 V4.5 数据分片增强技术中，用户可直接通过 WITH PUSHDOWN 语句在本地服务器上创建外部服务器分区表，而无需再在外部服务器上单独创建外部表，增强了数据分片的易用性。除此之外，增强的数据分片还增加了 INCLUDE REMOTE 子句，以实现自动删除外部分区表的功能。

1.4.1.5 读写分离

读写分离通过数据库系统中间件 hgproxy 实现，客户端可以通过连接 hgproxy，由 hgproxy 代理访问数据库。如果多节点数据库组成了流复制集群，hgproxy 可连接多个节点，用户执行 SQL 时，将写数据的语句转发到可写的主节点，将只读类型的语句转发到只读的从节点，从而实现读写分离。

1.4.1.6 SQL 转发

瀚高安全版数据库系统 V4.5 支持内核层面的 SQL 转发功能，当 SQL 转发开关参数启动后，数据库在获取客户端发送来的 SQL 语句后，分析其读写属性，然后以此判断在主库或备库上执行。

从 SQL 语句的处理角度来看，转发模块分为普通模式、Nontransactional（非事务）模式、Enhance non-transactional（增强非事务）模式三种模式。其中最基础的是普通模式，依据解析树判断 SQL 语句的读写属性：若是读属性的 SQL 语句则留在备端执行，若是写属性的 SQL 语句则转发到主端执行并转发主端回复结果给客户端。Nontransactional（非事务）模式、Enhance non-transactional（增强非事务）模式的处理逻辑和普通模式基本一致，这三种模式最根本的差异在对于事务的处理上。

普通模式下把整个事务块作为写操作来看待处理，即整个事务块都会被转发到主端执行；Nontransactional（非事务）模式则是打散事务块，把事务块内的 SQL 语句当作自动提交的 SQL 语句来看待，事务内的写操作转到主端处理，读操作继续在备端执行；Enhance non-transactional（增强非事务）模式是 Nontransactional 模式的增强，动态记录事务内写操作 SQL 语句波及的表，若后续发现了读取这些表的读属性 SQL 语句，则将该 SQL 语句转发到主端执行。

1.4.1.7 并行备份

瀚高安全版数据库系统 V4.5 增强了数据库备份功能。将备份工具 pg_basebackup 原来的单进程工作模式增强为可以多个线程并行备份的能力，以此分散了总的工作量，大大提高了备份效率。

1.4.2 易用性

1.4.2.1 图形化部署与管理

瀚高安全版数据库系统 V4.5 使用图形化部署与管理工具，简单易用。

图 3 图形化部署工具示例

在瀚高安全版数据库系统 V4.5 中集成了最新版的数据库开发管理工具，相较于 V4.3.4 版本的管理工具，其界面更加简洁易用，更支持多项安全功能。该工具同时支持瀚高安全版及企业版数据库，详细信息请参阅本书第四章数据库管理工具相关章节内容。

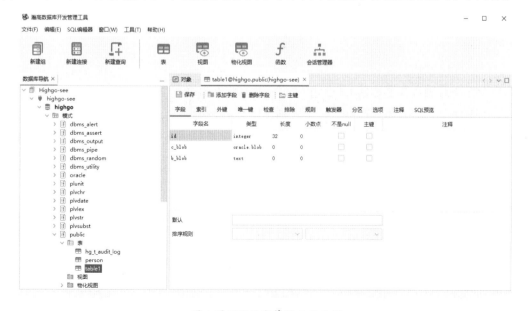

图 4 图形化开发管理工具示例

1.4.3 安全性

瀚高安全版数据库系统 V4.5 拥有多层安全防护机制，重点实现安全数据库功能研发完善，能够从身份鉴别、安全标记、访问控制、三权分立、安全审计、国密算法、数据透明加密、全库加密、备份和恢复（如备份数据加密、恢复数据解密）、图形管理工具等多个维度，最大程度保障数据库的访问安全及数据的存储安全。瀚高安全版数据库系统 V4.5 是一套企业级数据安全生态体系，能为客户提供完整的信息安全解决方案。

1.4.3.1 身份鉴别

用户身份鉴别是数据库管理系统提供的最外层安全保护措施，用户进入系统时由系统进行核对，通过鉴定后才提供使用数据库管理系统的权限，其中，密码支持 SM3 国密算法加密。

瀚高安全版数据库系统 V4.5 支持 10 种身份鉴别机制：Password、GSSAPI、SSPI、Ident、Peer、LDAP、RADIUS、Certificate、PAM、BSD。这些身份鉴别机制用来鉴别访问用户身份的合法性及访问合法性。

1.4.3.2 访问控制

瀚高安全版数据库系统 V4.5 支持有效的自主访问控制和强制访问控制，能够通过授予和撤销权限来控制普通用户对数据库的访问。每个用户拥有自己的安全策略，用户对数据的所有操作，如数据查询和数据更新，都会受到策略的限制。通过强制访问控制可以确保用户访问的合法性，用户无法执行未经授权的访问操作。其中强制访问的客体可以支持到表、视图、序列以及行级数据库对象。

此外，瀚高安全版数据库系统 V4.5 还支持细粒度的数据访问行级安全（Row Level Security）控制，可以限制用户只能访问单个表中有授权的记录行，为敏感数据施加细粒度访问控制。

1.4.3.3 三权分立

瀚高安全版数据库系统 V4.5 具有相互独立、相互制约的数据管理员、安全保密管理员和安全审计员三个管理员角色，对于三个管理员的权限及普通用户的权限按照数据库对象进行了严格的权限划分，形成了完整安全的权限矩阵。

数据管理员主要负责瀚高安全版数据库系统的安装和升级、数据库对象的创建、数据库的备份和恢复（表级）。

安全保密管理员主要负责用户权限设定（包含自主访问权限的分配）、安全参数的配置、安全策略配置管理、用户和表的安全标记配置。

安全审计员主要负责对普通用户、系统管理员、安全审计员和安全保密管理员的操作行为进行审计。

1.4.3.4 安全审计

瀚高安全版数据库系统 V4.5 审计技术用于监视并记录对数据库服务器的各类操作行为，通过对网络数据的分析，实时、智能地解析对数据库服务器的各种操作，并记入审计日志中以便日后进行查询、分析、过滤，实现对目标数据库系统用户操作的监控和审计。数据库审计技术可以监控和审计用户对数据库中的数据库表、视图、序列、包、存储过程、函数、库、索引、同义词、触发器等的创建、修改和删除等，分析的内容可以精确到 SQL 操作语句一级；还可以根据设置的规则，智能地判断出违规操作数据库的行为，并对违规行为进行记录、报警。

1.4.3.5 数据完整性

瀚高安全版数据库系统 V4.5 能够检测到系统管理数据、鉴别信息和重要业务数据在传输过程中完整性是否受到破坏，并在检测到完整性错误时采取必要的恢复措施，使数据库管理系统中处理的用户数据具备实体完整性。对违反实体完整性、参照完整性、用户定义完整性和数据操作完整性的操作，具备事务回退功能。

瀚高安全版数据库系统 V4.5 是高度严谨的关系型数据库，完全遵循 ACID 特性（原子性、一致性、隔离性、持久性），使事务始终处于一致的状态。瀚高安全版数据库系统 V4.5 支持非常完善的备份恢复策略，包括联机备份及恢复、多层次增量备份、联机存储和备份，充分保障本地数据的安全性。备份数据是否安全可靠一直是数据库安全中最重要的一部分保护数据的手段。针对这个问题，瀚高数据库提供了安全标记和加密功能保护备份、还原，同时提供完整性数据验证功能，充分保证了数据备份和恢复的安全性和可信性。

用户能够根据自己的需要，选择不同的备份方式：

● SQL 转储

●文件系统级别备份

●在线备份，支持 PITR（基于时间点备份）特性的实现

●并行备份功能

综上，根据瀚高安全版数据库系统 V4.5 的核心安全特性，其适用于数据安全存储和管理的应用场景。

1.4.3.6 数据库全库加密

瀚高安全版数据库系统 V4.5 支持 Highgo Full Database Encryption（HG_FDE）特性。

HG_FDE 实现了对整个数据库文件访问的加解密。即使数据库文件介质被盗取，也无法直接读取到明文数据，从而避免敏感数据被泄露。HG_FDE 加密对于用户和应用访问完全透明，无须客户端进行任何额外的设置。

HG_FDE 加密的文件，包括：

●所有的堆文件（表、索引、系列、FSM 文件、VM 文件）

●系统表

●预写式日志（WAL）

●查询时产生的临时文件

HG_FDE 除了支持 AES-128、AES-192、AES-256、BLOWFISH、DES、3DES、CAST5 这七种加密算法，另外引入国密算法中的 SM4 算法。可以在启用 HG_FDE 时指定。

1.4.3.7 新一代加密技术

瀚高安全版数据库系统 V4.5 中使用新一代加密技术，增强了数据透明加密功能。该技术支持密文查询功能，实现对数据进行不解密等值比较及多表连接查询，还可以对语句约束实现拆分以及选择下推。

在对安全性要求比较严格，或者数据库管理员不受信任的环境中（如数据库托管维护服务、云数据库等场景），可以使用该加密技术防止数据的泄露。此功能可以使数据库中存取的数据始终为密文，并且支持密文做等值比较等一些数据操作。

1.4.3.8 传输加密

瀚高安全版数据库系统 V4.5 支持 SSL 协议，保障网络中数据传输的安全性，确保不会被截取和窃听。在数据传输开始前，通信双方需经过身份认证、协商加密算法、交换加密密钥等过程；在数据传输过程中，通过对数据进行封装、压缩、加密，最大程度保障传输安全。

瀚高安全版数据库系统 V4.5 中的 SCRAM-SHA-256（Salted Challenge Response Authentication Mechanism）比 MD5 更加安全，可以避免由于数据库存储的加密密钥被破解，导致客户端窜改认证协议连接数据库的危险。另外引入国密算法中的 SM3 用于身份鉴别口令加密。

1.4.3.9 恶意代码防范

瀚高安全版数据库系统 V4.5 提供防恶意代码功能组件 sql_firewall，防止黑客利用 SQL 注入和恶意代码入侵数据库。

SQL 防火墙共有三种模式：学习模式、预警模式与防火墙模式。

●学习模式：防火墙会记录用户的 SQL 查询，作为用户常用查询的预期白名单，此时防火墙开启但是不做校验。

●预警模式：此模式下，防火墙会对用户的 SQL 进行判断，如果用户的 SQL 不在白名单中，仍然会执行该 SQL，但是会给用户一个报警，告知用户这条 SQL 不符合白名单记录的业务规则。

●防火墙模式：此模式下，防火墙会对用户的 SQL 进行判断。如果用户的 SQL 不在白名单中，防火墙会拒绝该 SQL 的执行并告知用户这是一个错误。

1.4.4 兼容性

瀚高安全版数据库系统 V4.5 与 Oracle 数据库拥有高度兼容性。大多数应用场景下，基于 Oracle 数据库开发的应用程序无需任何修改或仅做少量修改便可以运行在瀚高安全版数据库系统 V4.5 平台之上，可以有效减少应用重构所需的大量人力和时间成本。

1.4.5 异构数据库访问

瀚高安全版数据库系统 V4.5 支持外部数据源封装（FDW）和数据库连接（DBLink）特性，可以实现对 Oracle、PostgreSQL、DB2、SQL Server、MySQL、Sybase、Redis、MongoDB 等数据源的直接访问。

第 2 章
瀚高数据库安装卸载

瀚高数据库管理系统可以安装在多种计算机操作系统平台上。自瀚高数据库企业版 V5 及安全版 V4 后，一般不再提供对 32 位系统的支持。

对于不同的操作系统平台，不同的版本和不同的安装形式，瀚高数据库的安装与卸载存在一定差异，本章将分别对以上情况进行介绍。

欲了解更加详尽的安装步骤请访问 https://support.highgo.com/，查阅相关安装文章内容。

2.1 介质获取

安装介质及相关参考文档请登录瀚高技术支持平台，网址 https://support.highgo.com/，查询文档 015082702 获取。

2.2 Linux 下瀚高数据库安装与卸载

本节以瀚高数据库安全版 V4.5 为例介绍瀚高数据库管理系统在银河麒麟服务器版 V10 系统下的安装与卸载，其他版本在 Linux 下的安装与卸载亦可参考本章节内容。

2.2.1 硬件环境

安装瀚高数据库企业版 V5 前，应检查硬件基本配置是否得到满足。在满足基本配置的前提下，为保证提供更优的数据库服务，应参考应用规模合理地配置硬件资源。下面列举安装瀚高数据库安全版 V4.5 所需的硬件最低配置。

● CPU：主频不低于 600 MHz 的处理器

●内存：1 GB

●硬盘：可用空间 5 GB，/tmp 空间大于 1 GB

●网卡：100 Mbps 以上支持 TCP/IP 协议的网卡

●显卡：图形化向导安装模式需要支持分辨率 800×600，256 色显示

●键盘鼠标：一般的键盘鼠标

2.2.2 系统环境

瀚高数据库支持主流 64 位国内外 Linux 操作系统，如麒麟操作系统、统一操作系统、中科方德、凝思磐石、深度、普华、RedHat、CentOS、Ubuntu 等。

2.2.3 软件环境

安装前需要检查操作系统时区和时间是否正确。

安装过程中建议关闭正在运行的杀毒软件、防火墙及 SELinux。

我们建议在安装前确保如下系统软件包已被安装。

vim wget readline readline-devel zlib zlib-devel openssl openssl-devel pam-devel libxml2-devel libxslt-devel python-devel tcl-devel gcc gcc-c++ rsync

安装前需要检查系统资源限制，可以通过 uname -a 查询当前用户的系统资源限制。下面仅给出重点参数设置示例。具体修改方法请以实际为准，或向 Linux 系统管理员咨询。

```
vi /etc/security/limits.conf

#for highgo db 4.5

highgo soft  core unlimited

highgo hard  nproc unlimited

highgo soft  nproc unlimited

highgo hard  memlock unlimited

highgo hard  nofile 1024000

highgo soft  memlock unlimited

highgo soft  nofile 1024000

highgo hard  stack  65536

highgo soft  stack  65536
```

2.2.4 数据库软件安装

Linux 下瀚高数据库管理系统安装包有两种提供方式：一键部署方式和向导安装模式。一键部署方式的后缀名与系统相关，一般为 .rpm/.deb。向导安装模式一般为 .tar.gz。

下边分别对两种安装方式进行介绍。

2.2.4.1 rpm/deb 包安装

安全版数据库 rpm/deb 格式的介质需使用 root 用户安装和维护数据库。

（1）使用 root 用户安装 rpm/deb 包：

```
rpm:
[root@node ~]# rpm –ivh hgdb4.5-see-nkyl7-x86-64-20200306.rpm
准备中 ...                    ############################### [100%]
正在升级 / 安装 ...
  1:hgdb-see-4.5-1.el7  ############################### [100%]
注意：正在将请求转发到 "systemctl enable hgdb-see-4.5.service"。
Created symlink from /etc/systemd/system/multi-user.target.wants/hgdb-see-4.5.service to /usr/lib/systemd/system/hgdb-see-4.5.service.
Created symlink from /etc/systemd/system/graphical.target.wants/hgdb-see-4.5.service to /usr/lib/systemd/system/hgdb-see-4.5.service.
deb:
[root@ps1 highgo]#  dpkg –i hgdb4.5-see-nkyl7-x86-64-20200306.deb


// 安装完成后，会在 /opt 目录下生成安装目录
 [root@node HighGo4.5-see]# pwd
/opt/ HighGo4.5-see
[root@node HighGo4.5-see]# ls
bin conf  etc hgdbadmin icon include lib share
```

（2）环境变量生效

安装完毕后会在 /opt/ HighGo4.5-see/etc 目录下生成一个名为 highgodb.env 的文件，内容如下：

```
export PATH=/opt/HighGo4.5-see/bin:$PATH
export LD_LIBRARY_PATH=/usr/lib64:/opt/HighGo4.5-see/lib:$LD_LIBRARY_PATH
export HGDB_HOME=/opt/HighGo4.5-see
export PGPORT=5866
export PGDATA=/opt/HighGo4.5-see/data
```

vi /root/.bashrc 文件，添加如下：

```
source /opt/ HighGo4.5-see/etc/highgodb.env
```

使 .bashrc 内容在当前窗口立即生效：

```
source /root/.bashrc
```

（3）手动初始化数据库

使用 root 用户初始化数据库，初始化过程会输入 6 次密码，三个数据库管理员各输入 2 次，初始化命令如下：

```
initdb –D $PGDATA –e sm4 –c "echo 12345678" > /opt/HighGo4.5–see/bin/initdb.log
```

//–e 选项表示启用 FDE 功能使用国密算法 SM4 进行数据加密。

//–c 选项表示输入一个命令，形成密钥的一部分。

// > /opt/HighGo4.5.2–see/bin/initdb.log 是将初始化过程的日志信息转存到文件中。

初始化命令可以针对不同需求和安全级别来进行，例如有国密算法加密要求的开启 –e SM4 数据加密，有国密算法连接认证要求的开启 –A SM3。下边介绍几种情况供参考。

① initdb

此为默认情况，使用 SM3 认证方式，不开启全库数据加密。

② initdb –A md5

使用 MD5 认证方式；不开启全库数据加密。

③ initdb –A sm3 –e sm4 –c "echo 12345678"

使用 SM3 认证方式；开启全库数据加密，加密方式为 SM4。

④ initdb –A md5 –e AES–256 –c "echo 12345678" –D data4

使用 MD5 认证方式；开启全库数据加密，加密方式为 AES–256。

将安装目录 etc 下 server.crt 和 server.key 文件拷贝至 $PGDATA 目录下

```
cp /opt/HighGo4.5.2–see/etc/server.* $PGDATA
```

修改 server.* 文件权限

```
chmod 0600 $PGDATA/server.*
```

（4）启动数据库

```
[root@highgo data]# pg_ctl start
```

登录数据库：

```
[root@highgo data]# psql –U sysdba –d highgo
```

2.2.4.2 tar 包安装

（1）创建 highgo 用户并修改密码

```
[root@hgdb ~]# groupadd –g 5866 highgo
[root@hgdb ~]# useradd –u 5866 –g highgo highgo
```

```
[root@hgdb ~]# passwd highgo
```

（2）创建数据库安装目录

数据库安装目录建议使用单独的磁盘或者 lv 卷组。

```
[root@hgdb ~]# mkdir –p /data/highgo/4.5 –p
[root@hgdb ~]# chown –R highgo:highgo /data
```

（3）上传并解压 HGDB 安装包

```
[root@hgdb upload]# tar –zxvf hgdb4.5–see–nkyl7–x86–64–20200306.tar.gz
[root@hgdb upload]# chown –R highgo:highgo hgdb4.5–see–nkyl7–x86–64–20200306/
[root@hgdb upload]# ll
drwxr–xr–x. 4 highgo highgo      50 Jul  7 17:49 hgdb4.5–see–nkyl7–x86–64–20200306
```

解压得到的目录有三个：jdk、install、runinstall。

由于执行安装程序需要 java 环境，所以需要用到 jdk；install 目录中放的是安装程序的主程序；runinstall 是一个安装程序的入口脚本。使用 highgo 用户登录系统，在终端中执行 runinstall 脚本，可进入安装主程序。

（4）图形化界面安装

系统要求

a. 首先应确保可以开启图形化界面，如果未安装图形界面使用如下命令进行安装。

```
[root@hgdb ~]# yum –y groupinstall "Server with GUI"
```

b. 进入 highgo 用户执行安装程序。

首先，在图形界面登录服务器。其次按照如下步骤操作：

```
[root@hgdb 4.5]# xhost +
access control disabled, clients can connect from any host
[root@hgdb 4.5]#su – highgo
[highgo@hgdb ~]$ export DISPLAY=:0.0
[highgo@hgdb ~]$ export LANG=zh_CN.utf8  # 显示中文安装界面
[highgo@hgdb 4.5]$ ./runinstall
```

执行安装

a. 安装向导

启动安装程序的欢迎界面，如图 1 所示，在该界面上会显示出该软件的版本信息，点击【下一步】进入下一界面。

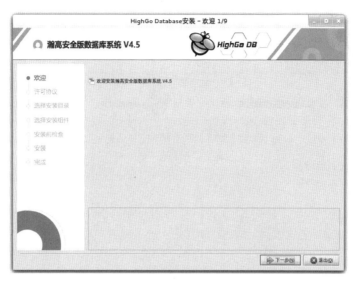

图 1 安装主界面

b. 许可协议

打开软件许可协议界面，如图 2 所示，用户阅读 License 后，选中"我接受协议"，点击【下一步】进入下一界面。

注意：若 Linux 系统未安装中文语言支持包，中文部分会显示为乱码。

图 2 许可协议界面

c. 安装目录设置

打开安装目录界面，可以直接保持默认安装目录不变（见图 3）。

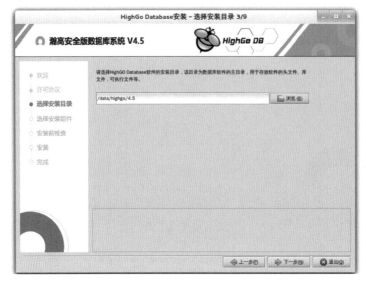

图 3 默认安装目录

也可以根据需要手动修改安装目录（直接修改或者通过点击文件夹修改，见图 4），确定安装目录后，点击【下一步】进入下一界面。

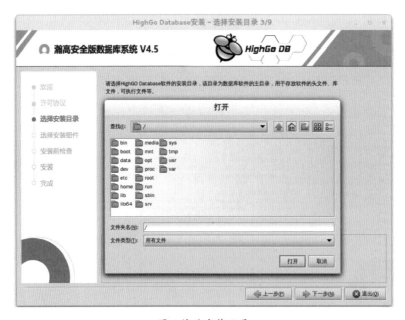

图 4 修改安装目录

如果安装路径不存在，则安装程序会弹出如下对话框，点击【确定】创建安装路径（见图5），点击【下一步】进入下一界面。

图 5 安装目录信息确认

d. 选择安装组件

打开选择安装组件界面，如图6所示，根据需要选择需要安装的组件，然后点击【下一步】进入下一界面。

图 6 选择组件

说明：

1）数据库引擎：数据库引擎提供了数据的存储、访问和保护的服务。它管理着用户数据的存储，为用户数据访问提供了接口，并通过用户权限管理来保护数据的安全。

2) 用户界面：用于访问数据库服务的客户端工具，包括 psql 和 hgdbAdmin。

psql：基于命令行的数据库访问终端，通过 psql 用户可以连接到 HighGo Database，执行数据库命令，并查看执行结果。它还提供了很多元命令和类 shell 的命令，方便脚本的编写和各种任务的自动执行。

hgdbAdmin：用于 HighGo Database 管理和开发的图形化界面工具。

3) 开发组件：应用程序开发相关的组件，包括头文件、库文件、JDBC/ODBC 驱动等。用户可根据情况确定是否选择。

e. 安装前检查

打开安装前检查界面，在正式安装数据库之前要进行依赖检测，见图 7，开始检测。

图 7 安装检查界面

检测结果会显示到界面中的表格中，如图 8 所示，如果检测结果都符合要求，则可进入下一步。

图 8 检测结果界面

如果检测出有不符合项，用户可以根据检测结果点击【修复】修复不符合项，如图 9 所示，提示以 root 用户执行安装目录下的脚本。

图 9 修复界面

执行完脚本后，点击【确定】，然后点击【重试】按钮，检查是否还有不符合项。

图 10 中的两个问题是由于关闭防火墙导致找不到参数导致的，可以勾选【忽略全部】直接忽略。

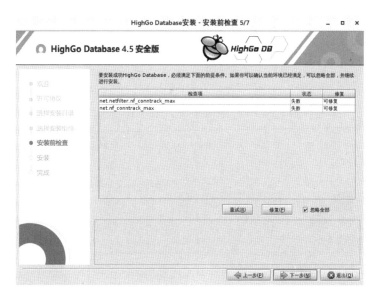

图 10 修复完成界面

f. 配置数据库信息

在安装界面中设置基本信息，如数据目录、端口号（默认 5866）以及 sysdba 用户的密码。

用户密码需由大写字母、小写字母、数字和特殊字符组成，至少为 8 位。密码规则可在数据库启动后通过参数进行修改。

参数设置页面：图 11 为默认设置。

图 11 参数设置界面

字符集设置页面：图 12 为默认设置。

图 12 字符集设置界面

图 13 显示安装配置页面：点击【下一步】开始安装。

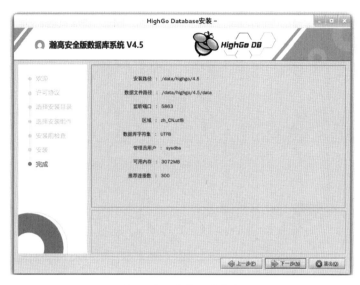

图 13 显示安装配置信息

g. 安装数据库

安装过程中会有如图 14 所示的提示，按照提示以 root 用户执行最后的安装配置脚本 hginstall.sh。

注：当以 root 用户安装数据库时，会自动执行 hginstall.sh 脚本。

图 14 安装并执行 hginstall.sh 界面

h. 安装完成

完成全部安装过程，如图 15 所示。

图 15 完成安装

（5）命令行安装

如果系统不支持图形化界面，可使用命令行安装数据库：

[highgo@hgdb hgdb4.5-see-nkyl7-x86-64-20200306.tar.gz]$ ./runinstall

Welcome to the installation of HighGo Database Secure Enterprise Edition 4.5!

press 1 to continue, 2 to quit, 3 to redisplay

1

HIGHGO DATABASE END-USER SOFTWARE LICENSE AGREEMENT

THANKS FOR YOUR SELECTION OF HIGHGO DATABASE.

Copyright (c) 2017, HighGo Co., Ltd.

All Rights Reserved.

IMPORTANT: THIS SOFTWARE END USER LICENSE AGREEMENT("EULA") IS A LEGAL AGREEMENT BETWEEN YOU AND HighGo Co., Ltd. READ IT CAREFULLY BEFORE COMPLETING THE INSTALLATION PROCESS AND USING THE SOFTWARE. IT PROVIDES A LICENSE TO USE THE SOFTWARE AND CONTAINS WARRANTY INFORMATION AND LIABILITY DISCLAIMERS. BY INSTALLING AND USING THE SOFTWARE, YOU ARE CONFIRMING YOUR ACCEPTANCE OF THE SOFTWARE AND AGREEING TO BECOME BOUND BY THE TERMS OF THIS AGREEMENT. IF YOU DO NOT AGREE TO BE BOUND BY THESE TERMS, PLEASE DO NOT INSTALL OR USE THE SOFTWARE. YOU MUST ASSUME THE ENTIRE RISK OF USING THIS PROGRAM. ANY LIABILITY OF HighGo WILL BE LIMITED EXCLUSIVELY TO PRODUCT REPLACEMENT OR REFUND OF PURCHASE PRICE BEFORE FIRST INSTALLATION.

Definitions

1. "the Software" means "HighGo DataBase".

2. "HighGo" is responsible for HighGo Co., Ltd.

License Grants

1. You may use the Software for free for non-commercial use under the License Restrictions.

2. You may use the Software for commercial use after purchasing the commercial license. Moreover, according to the license you purchased you may get specified term, manner and content of technical support from HighGo.

License Restrictions

1. You may not use the Software for commercial use or profit use, unless you have been licensed to. To purchase the license , please visit http://www.highgo.com for more information.

2. You may not rent, lease, sublicense, sell, assign, pledge the Software and its services.

3. You may not modify the Software to create derivative works for redistribution based upon the Software.

4. In the event that you fail to comply with this agreement, your license will be terminated.

LIMITED WARRANTY AND DISCLAIMER

1. THE SOFTWARE AND THE ACCOMPANYING FILES ARE SOLD "AS IS" AND WITHOUT WARRANTIES AS TO PERFORMANCE OF MERCHANTABILITY OR ANY OTHER WARRANTIED WHETHER EXPRESSED OR IMPLIED.

2. You must assume the entire risk of using the Software. ANY LIABILITY OF HIGHGO WILL BE LIMITED EXCLUSIVELY TO PRODUCT REPLACEMENT, REFUND OF PURCHASE PRICE BEFORE YOUR FIRST INSTALLATION.

press 1 to accept, 2 to reject, 3 to redisplay

1

Select target path [/data/hgdb/4.5]

/data/highgo/4.5

press 1 to continue, 2 to quit, 3 to redisplay

1

TreePacksPanel

[JDK_JRE] [required]

[hgdb.dbserverPack] [Already Selected]

[hgdb.userInterfacePack] [Already Selected]

psql [Already Selected]

hgdbAdmin [Already Selected]

[hgdb.developmentPack] [Already Selected]

[hgdb.installPack] [Already Selected]

init and configure database [Already Selected]

uninstalldata [required]

[tempExecutableFiles] [required]

...pack selection done.

press 1 to continue, 2 to quit, 3 to redisplay

1

To check the dependent packs.

press 1 to check, 2 to skip, 3 to exit

1

Checks	Status	Fixable
net.netfilter.nf_conntrack_max	Failed	Yes
net.nf_conntrack_max	Failed	Yes

Use the root user to execute the following script to modify the system parameters.

/tmp/hgdb_2050248256/kernelParameterSets.sh

检测是否需要执行修复脚本，如果只剩此处两个则可直接忽略，其他情况则执行修复脚本

press 1 to ignore, 2 to reject, 3 to recheck

1

Data directory [/data/highgo/4.5/data]   # 按回车

Port number [5866]   # 按回车

Superuser name [highgo]   # 按回车

Password []

第一次输入密码

Password(again)　[]

[x] Whether to start automatically.

input 1 to select, 0 to deselect:

datatype

0 [x] OLTP

1 [ ] OLAP

2 [ ] HTAP

3 [ ] Web

4 [ ] Desktop

input selection:

Total Memory (GB) [2]

 connectionNumber [300]

Locale

0 [ ] aa_DJ

1 [ ] aa_DJ.iso88591

2 [ ] aa_DJ.utf8

3 [ ] aa_ER

4 [ ] aa_ER@saaho

……

环境语言根据客户要求选择，通常选择 C 或者 zh_CN.utf8

773 [ ] zh_CN.gbk

774 [x] zh_CN.utf8

775 [ ] zh_HK

776 [ ] zh_HK.big5hkscs

777 [ ] zh_HK.utf8

778 [ ] zh_SG

779 [ ] zh_SG.gb2312

780 [ ] zh_SG.gbk

781 [ ] zh_SG.utf8

782 [ ] zh_TW

783 [ ] zh_TW.big5

784 [ ] zh_TW.euctw

785 [ ] zh_TW.utf8

786 [ ] zu_ZA

787 [ ] zu_ZA.iso88591

788 [ ] zu_ZA.utf8

input selection:

Encoding

0 [ ] EUC_JP

1 [ ] EUC_KR

2 [ ] ISO_8859_5

3 [ ] ISO_8859_6

4 [ ] ISO_8859_7

5 [ ] ISO_8859_8

6 [ ] JOHAB

7 [ ] KOI8–R

8 [ ] LATIN1

9 [ ] LATIN2

10 [ ] LATIN3

11 [ ] LATIN4

12 [ ] LATIN5

13 [ ] LATIN9

14 [ ] MULE_INTERNAL

15 [ ] SQL_ASCII

16 [ ] WIN866

17 [ ] WIN874

18 [ ] WIN1250

19 [ ] WIN1251

20 [ ] WIN1252

21 [ ] WIN1256

22 [ ] WIN1258

23 [x] UTF8

input selection:

Installation path: /highgo/database/4.5.

press 1 to continue, 2 to quit, 3 to redisplay

1

Installation path: /highgo/database/4.5

Data directory: /highgo/database/4.5/data.

Database port: 5866.

Database Locale: zh_CN.utf8.

Server Encoding: UTF8.

DBA User: sysdba.

Database Type: oltp

Total Memory: 2

Connections: 300

press 1 to continue, 2 to quit, 3 to redisplay

1

[Starting to unpack]

[Processing package: Jre (1/8)]

[Processing package: Database Server (2/8)]

[Processing package: User interfaces (3/8)]

[Processing package: psql (4/8)]

[Processing package: hgdbAdmin (5/8)]

[Processing package: Development (6/8)]

[Processing package: Install database (7/8)]

[Processing package: Initial the database (8/8)]

To finish the database install, please follow the below steps:

1. execute following script with root user to complete the database self–starting configuration/ data/highgo/4.5/hginstall.sh

2. Press enter to continue, after hginstall.sh execute successfully .

[Press enter to continue!]

另开新窗口 root 用户执行

[root@hgdb highgo]# /data/highgo/4.5/hginstall.sh

Starting HighGo Database Server:

waiting for server to start.... done

server started

HighGo Database Server started successfully

重新回到刚才的窗口:

[Press enter to continue!]

[Unpacking finished]

Begin create shorcut:

 [x]Create additional shortcuts on the desktop

input 1 to select, 0 to deselect:

1

 [x]Create shortcuts in the StartMenu

input 1 to select, 0 to deselect:

1

Select which user the program will create shortcut for:

0 [ ] current user

1 [x] all users

input selection:

Name of programgroup [HighgoDB V4.5]

press 1 to continue, 2 to quit, 3 to redisplay

1

Install was successful

application installed on /highgo/database/4.5

[Console installation done]

2.2.5 许可证安装

瀚高数据库安全版默认提供 1 个月的测试授权。在获取到正式授权后，将授权文件放置到数据目录中即可。

操作方法如下:

首先，打开数据目录，例如上述安装过程使用的是 /data/highgo/4.5/data。

其次，将获取到的授权文件放置在其中，并改名为 hgdb.lic。

最后，通过如下命令重载瀚高数据库服务即可。

[root@highgo data]# pg_ctl reload

2.2.6 卸载

2.2.6.1 tar 包卸载

（1）图形化界面卸载

打开菜单栏，选中 Uninstall Highgo DB System。

启动卸载数据库向导，如右图所示：

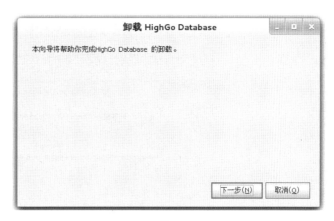

图 16

执行 /etc/init.d/hgdb-see4.5 stop 命令或 pg_ctl stop 命令，停止服务。

图 17

点击【下一步】，出现"卸载 HighGo Database"界面，开始卸载，默认情况不选中"卸载"。

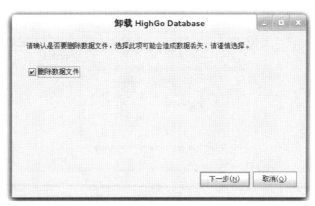

图 18

当用户勾选了"卸载",点击【下一步】,将卸载数据库,并清除数据库文件,该选项请谨慎选择,建议先备份 data 目录。如下图,点击【确定】,确认删除文件。

图 19

点击【下一步】进入卸载界面,然后点击卸载,开始卸载。

图 20

以 root 用户执行 hguninstall.sh 卸载脚本之后,点击确定。

卸载完成后,提示卸载完成。点击【确定】结束卸载。

图 21

（2）命令行卸载

如果系统不支持图形化界面，可使用命令行进行卸载。在终端中执行安装目录下的 uninstall 命令，用户可以使用普通用户卸载，也可以使用 root 用户卸载。

```
[highgo@sds1 4.5]$ ./uninstall
Command line uninstaller.
 Force the deletion of /data/highgo/4.5/data [y/n]y
To finish the database uninstall, please follow the below steps:
    1. execute following script with root user
    /data/highgo/4.5/hguninstall.sh
    2. Press enter to continue, after hguninstall.sh execute successfully.


[Press enter to continue!]
```

使用 root 用户执行脚本 hguninstall.sh 后按回车继续：

```
[root@hgdb data]# /data/highgo/4.5/hguninstall.sh
Execute Success!
```

注：如果执行 ./uninstall 时选择 n，将只删除 HGDB 软件，保留 data 目录。

当卸载完成后，HighGo DB System 4.5 的主程序已卸载，但其安装目录仍然存在。

说明：由于您在使用数据库的过程中生成了一些数据，而该目录存储了这些数据，所以瀚高数据库卸载的过程中建议不直接删除该目录。如果您希望彻底卸载数据库，则删除该目录。但我们强烈建议您备份该目录，以防止数据丢失后无法找回。

2.2.6.2 rpm 包卸载

卸载前请使用 pg_ctl stop 或 systemctl 命令关闭数据库服务。

使用 rpm 命令卸载，卸载后安装目录及 data 目录均被删除，请提前对数据库进行备份。

卸载命令：

```
[root@highgo ~]# rpm –e hgdb-see-4.5 // 将 4.5 替换为指定版本号
```

2.2.6.3 deb 包卸载

卸载 deb 格式的数据库时，使用 dpkg –P 命令代替 rpm –e 命令，其他步骤同 rpm 包卸载，如：

```
[root@ps1 ~]# dpkg –P highgodb
(Reading database ... 213539 files and directories currently installed.)
```

```
Removing highgodb (4.5) ...



=================================

highgodb Remove Complete

=================================

Purging configuration files for highgodb (4.5) ...
```

第3章
瀚高数据库体系结构

3.1 整体结构

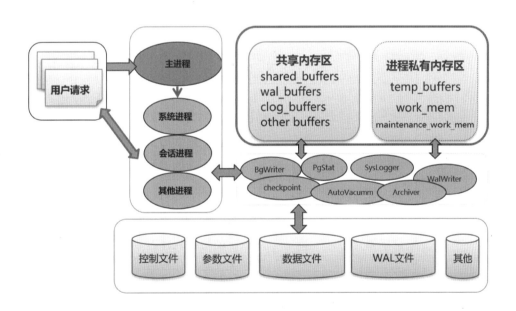

瀚高数据库体系结构如图所示，由数据库实例和物理存储文件组成。其中实例又包括进程结构和内存结构。实例是在数据库启动后才具有的，英文 instance。

这样一整套结构我们称之为一个数据库集簇（DATABASE CLUSTER），关于此概念将在本章 3.3 "逻辑存储结构" 部分进行介绍。

对于瀚高数据库，数据的存储包含两种形式：物理存储结构和逻辑存储结构。物理存储结构主要用于表述数据库在操作系统中的实际存储形式，逻辑存储结构主要表述数据库内部数据的组织和管理方式。

下面章节将对以上结构分别进行介绍。

3.2 物理存储结构

物理存储结构体现了瀚高数据库在操作系统中的储存和管理。瀚高数据库物理存储结构主要包括：参数文件、控制文件、数据文件、重做日志文件、客户端认证文件、默认保存在 initdb 时创建的数据目录中；此外还包括归档日志文件、备份文件、运行日志文件等。

3.2.1 数据目录结构

数据目录通常指 initdb 时初始化的目录，默认位置是数据库安装目录下的 data 目录，例如"/opt/HighGo4.5.6-see/data"。其中包含众多子目录和文件。

不同版本包含的目录及名称略有不同。下表对数据目录中子目录和文件的用途进行说明。

base	包含数据库用户所创建的各个数据库
bct	hg_rman 的块跟踪机制，主要用于增量备份
global	一些共享系统表的目录，包含集群范围的各个表和相关视图
hgdb_log	包含数据库日志，目录名可自定义
log	包含数据库日志文件
pg_commit_ts	事务提交时间戳
pg_dynshmem	动态共享内存子系统
pg_logical	逻辑解码状态数据
pg_multixact	多事务状态数据
pg_notify	监听 / 通知状态
pg_replslot	复制槽数据
pg_serial	提交的可序列化事务的信息
pg_snapshots	导出的快照
pg_stat	统计子系统的永久文件
pg_stat_tmp	统计子系统的临时文件
pg_subtrans	子事务状态数据
pg_tblspc	表空间符号链接
pg_twophase	准备事务的状态文件

pg_wal	WAL (Write Ahead Log/REDO) 文件
pg_xact	事务提交状态数据
hgaudit/hg_audit	审计日志目录
current_logfiles	由日志采集器写入的日志文件
hgdb.lic	数据库使用期限控制文件
pg_hba.conf	是数据库判断客户端 / 应用程序能否正常访问数据库的唯一依据，认证配置文件
pg_ident.conf	映射配置文件
PG_VERSION	内核的版本号
postgresql.auto.conf	通过 ALTER SYSTEM 修改的参数（新功能，优先级更高）
postgresql.conf	数据库实例的主配置文件，基本上所有的配置参数都在此文件中
postmaster.opts	该文件记录服务器最后一次启动时使用的命令行参数
postmaster.pid	锁文件，记录当前主进程 ID（PID）以及集群数据目录路径、主服务开始时间戳、端口号、UNIX 域套接字目录路径（Windows 上的空）、第一个有效的侦听地址（IP 地址或 *，或如果不在 TCP 上侦听空），以及共享内存段 ID（TH）
audit_param.conf	审计配置文件
secure_param.conf	安全配置文件
server.crt	服务端证书
server.key	私钥证书
root.crt	根证书

3.2.2 数据文件

数据文件通常存放于默认表空间 pg_default 下，也就是数据目录（$PGDATA）的 base 目录中。此外也可存放于自建的表空间所在的目录下。

其中有部分系统的全局数据文件存放于数据目录的 global 目录下。

每个表和索引都存储在独立的文件里。这些文件通常以表或索引的 filenode 号命名，它可以在 pg_class.relfilenode 中找到。此外，每个表和索引有一个空闲空间映射，它存储对象中可用空闲空间的信息。空闲空间映射存储在一个文件中，该文件以 filenode 号加上后缀 _fsm 命名。表还有一个可见性映射，存储在一个后缀为 _vm 的文件中，它用于跟踪哪些页面已知含有非死亡元组。不被日志记录的表和索引还存在一个后缀为 _init 的文件。

例如：

系统全局表 pg_tablespace 对应的数据文件为 $PGDATA/global/1213。

系统表 pg_class 对应的数据文件为 $PGDATA/base/15141/1259。

用户表 t_tab1 对应的数据文件为 $PGDATA/base/15141/24814。

存放于某自建表空间的用户表 t_tbl1_tab1 对应的数据文件为 pg_tblspc/24810/PG_12_201909212/15141/24811。

3.2.3 参数文件

参数文件存放于数据目录（$PGDATA）中，包括 postgresql.conf 和 postgresql.auto.conf。通常使用文本编辑器直接修改前者来生效参数设置；后者是通过 ALTER SYSTEM 命令修改的全局配置参数，会自动编辑 postgresql.auto.conf 文件，并覆盖 postgresql.conf 中已有的配置。

postgresql.conf 配置文件是由多个带有参数和值的行组成，参数和值可以用 "=" 连接，或者用空格分隔。"#" 开头的行为注释，之后的内容将被忽略。

下面举几个例子：

```
max_connections 300
log_connections = yes
log_destination = 'syslog'
search_path = '"$user", public'
shared_buffers = '128MB'
port=5866                   #port
```

3.2.4 控制文件

控制文件存放于数据目录（$PGDATA）的 global 目录中，名为 pg_control。该文件无法直接编辑。

控制文件中存放着建库时生成的静态信息，参数文件中的部分参数信息，数据库状态信息及 WAL 和 checkpoint 的动态信息等。

可以通过 pg_controldata 命令对其中的信息进行查看。

例如：

```
[highgo456@rhel711g data]$ pg_controldata
```

pg_control 版本：　　　　　　1201

Catalog 版本：　　　　　　201909212

数据库系统标识符：　　　　　　6937921921185273822

数据库簇状态：　　　　　　在运行中

pg_control 最后修改：　　　　　　2021 年 04 月 26 日 星期一 15 时 09 分 15 秒

最新检查点位置：　　　　　　0/1BAA8F8

最新检查点的 REDO 位置：　　　　0/1BAA8C0

最新检查点的重做日志文件：000000010000000000000001

最新检查点的 TimeLineID：　　　　1

最新检查点的 PrevTimeLineID: 1

最新检查点的 full_page_writes: 开启

最新检查点的 NextXID：　　　　0:627

最新检查点的 NextOID：　　　　32998

最新检查点的 NextMultiXactId: 1

最新检查点的 NextMultiOffsetD: 0

最新检查点的 oldestXID：　　　　498

最新检查点的 oldestXID 所在的数据库：1

最新检查点的 oldestActiveXID: 627

最新检查点的 oldestMultiXid: 1

最新检查点的 oldestMulti 所在的数据库：1

最新检查点的 oldestCommitTsXid:0

最新检查点的 newestCommitTsXid:0

最新检查点的时间：2021 年 04 月 26 日 星期一 15 时 09 分 13 秒

不带日志的关系：0/3E8 使用虚假的 LSN 计数器

最小恢复结束位置：0/0

最小恢复结束位置时间表：0

开始进行备份的点位置：　　0/0

备份的最终位置：　　　　0/0

需要终止备份的记录：　　否

wal_level 设置：　replica

wal_log_hints 设置：　　　关闭

max_connections 设置：　100

max_worker_processes 设置：   8

max_wal_senders 设置：   10

max_prepared_xacts 设置：   0

max_locks_per_xact 设置：   64

track_commit_timestamp 设置：   关闭

最大数据校准：   8

数据库块大小：   8192

大关系的每段块数：   131072

WAL 的块大小： 8192

每一个 WAL 段字节数：   16777216

标识符的最大长度：   64

在索引中可允许使用最大的列数： 32

TOAST 区块的最大长度：   1988

大对象区块的大小：   2048

日期 / 时间 类型存储：   64 位整数

正在传递 Flloat4 类型的参数：   由值

正在传递 Flloat8 类型的参数：   由值

数据页校验和版本：0

Data encryption: 开启

Data encryption fingerprint: C721512DE685DA5E5A1A1AE948F4F473

当前身份验证：

d5fe627b730b853bc285de87ecb1f25b58637e250261056f31f389d3c9b16eb5

Data encryption cipher: sm4

3.2.5 重做日志（WAL）文件

重做日志文件通常存放于数据目录（$PGDATA）的 pg_wal 目录中，文件名称为 16 进制的 24 个字符组成，通常由 0000000 起始，例如 000000010000000000000001。重做日志文件也称之为 WAL（Write Ahead Log）日志。该文件无法直接编辑。

当对瀚高数据库进行添加、删除、修改对象和数据时，都会将 WAL 记录写入当前的 WAL 日志文件中，以此来保证数据操作的原子性和持久性。

一般情况下，数据库系统不会用到 WAL 日志文件中的信息。只有当遇到意外情况，例如断电、系统故障、强制终止、bug 等导致数据库实例进程被非一致性关闭，内存缓冲区中的数据页此时还未写入数据文件的时候，在重启数据库实例时，通过重做日志文件中的信息向前滚，从 WAL 中找到 checkpoint，从 checkpoint 开始，把已经 commit 的数据，按照顺序重新加载；直到找到日志中有记录，但是没有 commit 提交到 redo log 中的数据，进行回滚，这样就可以将数据库的状态恢复到发生意外时的状态。

重做日志文件对于数据库至关重要。它们用于存储数据库的事务信息，以便在出现系统故障和介质故障时能够通过 WAL 日志文件进行故障恢复。在数据库运行过程中，任何修改数据库的操作都会产生 WAL 记录，例如，当一条数据插入一个表中的时候，插入的结果信息会写入 WAL 日志，当删除或者更新一条数据时，删除和更新的信息也会被写进去，这样，当系统出现故障时，通过 WAL 日志可以知道在故障发生前系统做了哪些操作，并可以重做这些操作使系统恢复到故障之前的状态。

对于 WAL 日志文件的内容，可以通过 pg_waldump 命令对其中的信息进行查看。

WAL 日志文件在第一次使用时通常被直接创建，大小受每一个 WAL 段字节数影响，通常默认为 16MB，当系统运行时，该文件内容逐渐被产生的日志所填充。日志的记录在 WAL 文件中顺序连续写入，当前文件写满后将往第二个 WAL 文件中继续写入，直至达到了 WAL 保留阈值后，实例将复用开始的 WAL 日志。

3.2.6 客户端认证文件

客户端认证由客户端认证文件控制，通常存放于数据目录（$PGDATA）中，名为 pg_hba.conf。也可以通过设置 hba_file 参数把配置文件放在其他地方。此文件是文本文件，可以直接编辑，但不可没有或为空。

pg_hba.conf 文件指定了哪些 IP 地址和哪些用户可以连接到瀚高数据库中，同时还规定了用户必须使用何种身份验证方式登录。该文件修改后，windows 系统下实时生效，linux 系统下执行一次数据库 reload 操作即可。

下面是瀚高数据库安全版 V4.5 的缺省内容：

```
# TYPE DATABASE      USER     ADDRESS            METHOD


# "local" is for Unix domain socket connections only
#local   all        all      sm3
local   all        all   sm3
# IPv4 local connections:
host    all        all      127.0.0.1/32       sm3
# IPv6 local connections:
host    all        all      ::1/128            sm3
# Allow replication connections from localhost, by a user with the
```

```
# replication privilege.

local   replication   all                        sm3

host   replication   all        127.0.0.1/32       sm3

host   replication   all        ::1/128           sm3
```

如果允许所有网络内的客户端均可以通过 TCP/IPv4 访问数据库，可以在文件末尾追加如下条目：

```
host   all        all        0.0.0.0/0          sm3
```

然后执行 reload 操作进行重载。

3.2.7 归档日志文件

归档日志文件是 WAL 日志文件的完整拷贝。当数据库实例运行在归档模式下时，归档进程将会自动将 WAL 日志文件拷贝到指定位置生成归档日志文件。

瀚高数据库默认是关闭归档模式，但是在生产环境下我们强烈建议配置归档模式，使数据库运行在更安全的环境下：一旦出现磁盘损坏等故障，利用基础备份和归档日志，系统可被恢复至故障发生的前一刻，也可以还原到指定的时间点；而如果没有归档日志文件，则只能恢复到进行备份的时间点。

3.2.8 备份文件

备份文件分为物理备份文件和逻辑备份文件，备份文件没有固定的扩展名，也不依赖扩展名。

物理备份文件通常由 pg_basebackup、hg_rman、cp 等产生。

逻辑备份文件通常由 pg_dump 生成，格式也有多种：二进制格式，SQL 文本格式等。

当数据库正常运行时，备份文件不会起任何作用，它也不是数据库必须有的联机文件类型之一。然而，没有谁能保证数据库系统能够永远正确无误地运行，比如介质故障、软件缺陷、操作失误等。当数据库不幸出现故障时，备份文件就显得尤为重要了。

因此在生产环境下我们强烈建议配置数据库的定时备份，以备不时之需。

3.2.9 运行日志文件

瀚高数据库系统在运行过程中，可以通过配置，生成运行过程产生的日志信息。控制日志记录开关的参数为 logging_collector。控制日志保存路径的参数为 log_directory。此外还有很多日志相关参数例如日志级别、日志格式、保留策略等也有相应的参数控制，大多数以 "log_" 开头。运行日志文件对数据库实例运行时的事件进行记录，如系统启动、关闭、操作报错、I/O 错误等一些信息和错误。运行日志文件主要用于系统出现严重错误时进行查看并定位问题。当遇到数据库故障时，通过查看日志文件内容往往可以获得比较直观的错误信息。

3.3 逻辑存储结构

瀚高数据库属于多库结构，也就是一个数据库服务下，或者说一个数据库实例下，可以运行多个数据库。这样一整套结构我们称之为一个数据库集簇（DATABASE CLUSTER）。数据库集簇是数据库对象的集合，例如表、视图、索引等。数据库本身也是数据库对象。同一个数据库集簇下的各个数据库逻辑上彼此分离，除数据库之外的其他数据库对象（例如表、索引等）都属于它们各自的数据库。虽然它们隶属同一个数据库集簇，但无法直接从集簇中的一个数据库关联该集簇中的另一个数据库中的对象。两个数据库之间的对象做跨库访问需要使用 FDW 技术。

数据库本身也是数据库对象，一个数据库集簇可以包含多个 Database、多个 User，每个 Database 以及 Database 中的所有对象都有它们的所有者：User。下图显示了一个数据库集簇的逻辑结构。

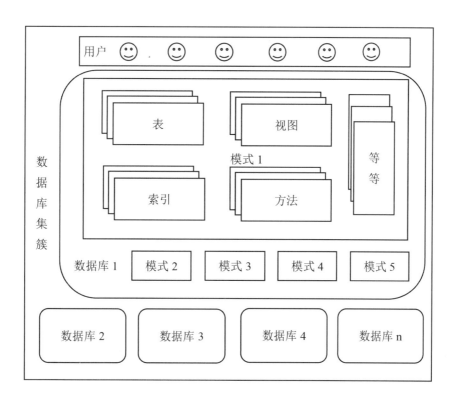

创建一个数据库时会自动为这个数据库创建一个名为 public 的模式，每个数据库可以有多个模式，在这个数据库中创建数据库对象时如果没有指定模式，通常都会在 public 这

个模式中。可以将模式理解为一个数据库被分为多个模块，在数据库中创建的所有对象都在对应模式中创建，一个用户可以从同一个客户端连接中访问不同的模式。不同的模式中可以有相同名称的表、视图、索引、方法等数据库对象，因此在引用对象时务必确认引用了正确的模式。

关于对象的具体使用可参考本书上篇第六章"数据库对象管理"章节。

3.4 进程结构

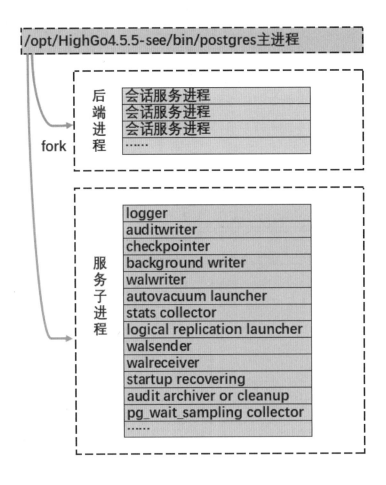

瀚高数据库是一款 C/S 应用程序。数据库启动时会启动若干个进程，其中有 postgres（主进程）、logger、checkpointer、background writer、walwriter、autovacuum 等进程，有客户端连接数据库后也会派生出后端进程。下面分别对各进程进行介绍。

3.4.1 主进程

主进程是瀚高数据库启动的第一个进程。主进程的主要负责：

1. 数据库的启停。

2. 监听客户端连接，为客户端请求派生后端进程。

3. 服务子进程的派生、监控，及其故障后的恢复。

当客户端向数据库发起连接请求，主进程会派生单独的会话服务进程为客户端提供服务，此后将由会话服务进程与客户端进行通信，并执行相应操作，直至客户端断开连接。

3.4.2 logger 进程

当开启日志相关参数时，logger 进程将收集所有进程的输出信息，并将这些输出写入文件中形成日志。

3.4.3 auditwriter 进程

当开启审计功能时，auditwriter 进程将负责将审计日志输出到指定文件中。

3.4.4 checkpointer 进程

检查点进程负责数据库实例按照既定的规则发起检查点操作。

3.4.5 background writer 进程

后台写进程负责把共享内存中的脏页写到磁盘上。当往数据库中插入或更新数据时，并不是会马上写到数据文件中，而是先放在共享缓存中。后台写进程会按照既定规则把内存中的脏数据刷新到数据文件中。

3.4.6 walwriter 进程

WAL 写进程，负责将 WAL 缓存中的信息刷新到 WAL 文件中的进程。

3.4.7 archive 进程

归档进程负责将 WAL 日志按照既定的规则归档到指定的归档目录。

3.4.8 autovacuum launcher 进程

自动清理进程，该进程控制实例按照既定规则自动执行 VACUUM 和 ANALYZE 操作。

3.4.9 stats collector 进程

状态收集进程，状态收集进程会收集一些关于服务器运行的信息，包括表的访问次数、磁盘的访问次数等信息。收集到的信息除了能被 autovaccum 利用，还可以给数据库管理员提供数据库管理的参考信息。

3.4.10 logical replication launcher 进程

逻辑复制进程，该进程负责启动逻辑复制工作进程。

3.4.11 walsender 进程

WAL 日志发送进程，用于向备库发送 WAL 记录。

3.4.12 walreceiver 进程

WAL 日志接收进程，用于从主库接收 WAL 记录。

3.4.13 startup recovering 进程

数据库启动进程，startup recovering 表明数据库实例正在处于恢复状态。这可能是由于未干净的关库导致的异常恢复，也可能是一个备库按照既定的规则应用 WAL 记录。

3.4.14 audit archiver or cleanup 进程

审计日志归档清理进程，当开启审计日志归档功能后，该进程将按照既定规则归档审计日志到审计日志归档目录中。

3.4.15 pg_wait_sampling collector 进程

该进程用于采集 sql 的等待事件。

3.5 内存结构

瀚高数据库的内存主要分为两大类：共享内存区和进程私有内存区。

3.5.1 共享内存区

共享内存在数据库服务启动时分配，由所有进程共同使用。共享内存主要分为以下 2 个部分。

1.shared_buffers

共享内存区主要存放数据库实例从表和索引中加载出来的内容，进程可以直接操作它们。

它表示数据缓冲区中的数据块的个数，每个数据块的大小通常是 8KB。

这个参数只有在启动数据库时，才能被设置。默认值是 128MB。

推荐值：1/4 主机物理内存左右。

2.wal_buffers

日志缓存区，WAL 文件持久化之前的缓冲区。

存放 WAL 数据的内存空间大小，系统默认值是 64K。

3.xact

HGDB 在事务提交日志中保存事务的状态，并将这些状态保留在共享内存区中，在整个事务处理过程中使用。

3.5.2 进程私有内存区

1.temp_buffers

临时缓冲区。用于存放数据库会话访问临时表数据，系统默认值为 8M。

可以在单独的 session 中对该参数进行设置，尤其是需要使用比较大的临时表时，将会有显著的性能提升。

2.work_mem

工作内存或者操作内存。其负责内部的 sort 和 hash 操作，合适的 work_mem 大小能够保证这些操作在内存中进行。

3.maintenance_work_mem

维护工作内存。主要是针对数据库的维护操作或者语句，例如 VACUUM、CREATE INDEX、ALTER TABLE ADD FOREIGN KEY 等操作。在对整个数据库进行 VACUUM 或者较大的 index 进行重建时，适当地调整该参数是非常必要的。

第4章
数据库管理工具

4.1 psql

　　psql 是 Highgo Database 基于字符界面的客户端，能交互式键入查询，发送给 HGDB，并显示 HGDB 返回后的结果。输入可以是命令行参数也可以来自文件，psql 还提供元命令及类似 shell 的特性为编写脚本和自动化任务提供便利。

4.1.1 psql 的选项

　　作为客户端，psql 提供了很多易用的功能，这些功能可以通过 psql 的选项调用。使用"psql --help"可以查看 psql 的所有选项及帮助信息，psql 的选项如下：

命令	参数	描述
通用选项		
-c,--command= 命令	要执行的命令	执行单一命令（SQL 或内部指令）然后结束
-d, --dbname=DBNAME	数据库名称	指定要连接的数据库（默认 highgo）
-f, --file= 文件名	文件名	读取文件中的命令，执行后退出
-l, --list		列出所有可用的数据库
-v,--set=, --variable=NAME=VALUE	变量名 = 变量值	设置 psql 变量 NAME 为 VALUE（例如，-v ON_ERROR_STOP=1）
-V, --version		输出版本信息，然后退出
-X, --no-psqlrc		不读取启动文档（~/.psqlrc）

续表

选项	参数	说明
-1 ("one"), --single-transaction		作为单一事务来执行命令文件
-?, --help[=options]		显示帮助信息
--help=commands		显示元命令帮助
--help=variables		显示特殊变量
输入 / 输出选项		
-a, --echo-all		显示所有来自脚本的输入
-b, --echo-errors		回显失败的命令
-e, --echo-queries		显示发送给服务器的命令
-E, --echo-hidden		显示内部命令产生的查询
-L, --log-file= 文件名		将会话日志写入文件
-n, --no-readline		禁用增强命令行编辑功能（readline)
-o, --output=FILENAME		将查询结果写入文件（或	管道）
-q, --quiet		以静默模式运行（不显示消息，只有查询结果）
-s, --single-step		单步模式（确认每个查询）
-S, --single-line		单行模式（一行就是一条SQL命令）
输出格式选项		
-A, --no-align		使用非对齐表格输出模式
--csv		CSV（逗号分隔值）表输出模式
-F, --field-separator=STRING	分隔符	使用 separator 作为非对齐输出地域分隔符
-H, --html		HTML 表格输出模式
-P, --pset= 变量 [= 参数]		置将变量打印到参数的选项（查阅 \pset 命令）
-R, --record-separator=STRING		设置字符的分隔符（默认：换行符号）
-t, --tuples-only		关闭打印列名和结果行计数页脚等
-T, --table-attr= 文本	文本名	指定 HTML 表格标记属性（例如，宽度、边界）
-x, --expanded		打开扩展表格输出

续表

–z, --field–separator–zero		设置字段分隔符为字节 0
–0, --record–separator–zero		设置记录分隔符为字节 0
连接选项		
–h, --host= 主机名		数据库服务器主机或 socket 目录（默认："本地接口"）
–p, --port= 端口		数据库服务器的端口（默认："5866"）
–U, --username= 用户名		指定数据库用户名（默认："执行命令的操作系统用户"）
–w, --no-password		永远不提示输入口令
–W, --password		强制口令提示（自动）

示例：使用 psql 连接数据库，psql –h < hostname or ip > –p < 端口 > [–d 数据库名] [–U 用户名]

4.1.2 psql 的元命令

psql 内置了大量以反斜线开头的内置命令，称为元命令，通过这些命令可以更方便地管理数据库。psql 的元命令，可以在登录 psql 后，可以使用 "\?" 查询 psql 中所有的元命令。常用的元命令如下

命令	参数	描述
\a		如果当前的表输出格式是非对齐的，则切换成对齐格式。如果不是非对齐格式，则设置成非对齐格式
\c	[dbname[username] [host] [port]]	切换数据库或者用户
\cd	[directory]	把当前工作目录改为 directory。如果不带参数，则切换到当前用户的主目录。要打印当前的工作目录，可以使用 \! pwd
\conninfo		输出有关当前数据库连接的信息
\copy		拷贝文件
\d[S+]	[pattern]	匹配关系

续表

\da	[pattern]	列出聚集函数
\dA		列出访问方法
\db		列出表空间
\dc		列出字符编码之间的转换
\dC		列出类型转换
\dd		显示约束、操作符类等对象的描述
\dD		列出域
\ddp		列出默认的访问特权设置
\dE		外部表
\di		索引
\dm		物化视图
\ds		序列
\dt		表
\dv		视图
\des		外部服务器
\det		外部表
\deu		用户映射
\dew		外部数据包装器
\df		列出函数
\dF		文本搜索配置
\dFd		列出搜索字典
\dFp		列出文本搜索解析器
\dft		列出文本搜索模板
\dg		列出数据库角色
\dn		列出模式
\do		列出操作符及其操作数和结果类型
\d0		列出排序规则
\dp		列出表、视图和序列
\drds		列出已定义的配置
\dRp		列出复制发布

续表

\dRs		列出复制订阅
\dT		列出数据类型
\du		列出数据库角色
\dx		列出已安装拓展
\dy		列出事件触发器
\e	[filename] [line_number]	编辑文件
\echo		把参数打印到标准输出
\ef		编辑函数
\encoding	[encoding]	设置或显示客户端字符集编码
\errverbose		重复服务器错误消息
\ev	[view_name[line_number]]	编辑函数定义
\f	[string]	设置非对齐查询输出地域分隔符
\g	[command]	将查询缓冲区发送到服务器执行
\gexec		将当前查询缓冲区发送到服务器，执行查询输出中的每一行的每一列的 SQL 语句。
\gset	[prefix]	把查询的结果输出到变量中
\gx	[command]	等价 \g
\h		帮助
\H		HTML 查询输出格式
\i		将文本作为键入命令执行
\l		列出服务器中的数据库
\o	[filename]	将查询结果保存到文件
\o	[command]	将查询结果保存到管道
\p		将查询缓冲区打印到标准输出
\password	[username]	更改该指定用户密码
\q		退出
\r		重置缓存区
\s		打印 psql 命令行历史到 filename
\set	[name [value […]]]	设置 name 为 value

\timing	[on\ off]	打开 / 关闭显示语句的执行实际
\unset	name	删除
\w	[filename command]	将当前查询缓冲区写入文件或者管道
\watch	[seconds]	反复执行当前查询缓冲区
\z	[pattern]	列出表、序列、视图以及他们的访问特权
\!		转到 shell，当 shell 退出 psql 会恢复
\?		帮助信息

4.2 瀚高数据库开发管理工具

瀚高数据库开发管理工具，提供了管理瀚高数据库可视化的操作方式。用户可以通过图形化完成数据库的管理操作，如对象查询、执行 SQL、数据编辑等。管理工具支持瀚高数据库企业版和安全版的各个版本。

瀚高数据库开发管理工具随数据库安装，默认安装位置：$PGHOME/ hgdbdeveloper。瀚高数据库开发管理工具采用 Java 开发，在 Linux 和 Windows 下均可运行。Windows 下安装可以直接下载解压 hgdbdeveloper 到对应位置即可，安装完成后，进入 hgdbdeveloper\bin 下，Linux 直接运行 hgdbdeveloper，Windows 根据操作系统选择运行 64 位或 32 位版本，如下图：

新加卷 (D:) › hgdbdeveloper › bin

名称	修改日期	类型	大小
hgdbdeveloper	2020/11/4 11:50	文件	4 KB
hgdbdeveloper.exe	2020/11/4 11:50	应用程序	91 KB
hgdbdeveloper64.exe	2020/11/4 11:50	应用程序	124 KB

4.2.1 工具界面

瀚高数据库开发管理工具界面如下，主要包括菜单栏、工具栏、数据库导航视图、主视图、对象属性视图，如下图所示：

"菜单栏"中提供对数据库管理工具的基本操作。

"工具栏"可以提供快捷工具功能，包括新建组、新建连接、新建查询，查看表、视图、物化视图、函数，会话管理器等工具。

"导航栏"展示服务器连接、数据库及数据库对象。采用树状结构展示数据库的对象，通过右键可以方便地管理数据库的对象。

"主视图"采用选项卡方式管理，通过不同的选项卡，提供对象列表、新建表、SQL编辑器、显示查询结果等功能。

"对象属性视图"显示数据库导航视图节点中选中的对象属性，默认不显示，可以通过右键对象，选中"对象信息"打开。

4.2.2 连接数据库

4.2.2.1 新建组

将服务器连接创建在连接组中，可以方便管理服务器连接。点击工具栏上的新建组，在弹出"添加服务组"内填入组名称，点击【确定】后创建组。如下所示：

4.2.2.2 新建连接

点击"新建连接"工具选项，弹出新建连接的界面，根据界面，填入相关信息。根据数据库版本选择是否是 HG 安全版。填写完成后，可以通过连接测试功能测试填写信息是否正确，确认无误后，点击【确定】完成数据库连接创建。

连接名：创建连接的别名

主机：数据库所在服务器的 IP 或主机名

端口：数据库端口

数据库：要连接的数据库名称

用户名：连接数据库使用的用户名

密码：要连接数据库用户的密码

创建完成后的连接会显示在数据库导航栏中，如下图：

点击已创建连接前的箭头，即可打开数据库连接，也可以右键连接对连接进行编辑，如右图：

4.2.3 数据库对象管理

4.2.3.1 管理数据库

新建数据库

在连接上右键，在弹出界面点击【新建数据库】，在弹出的界面中填写需要创建数据库的相关信息，如下所示：

各个选项含义如下：

数据库名：填写要创建数据库的名称，不能与已存在数据库重名

拥有者：要创建数据库的属主

范本：创建数据库的模板（如无特殊要求，空白即可，默认使用 template1）

编码：数据库使用的编码（默认 UTF8）

排序规则排序：填写默认使用的排序规则，默认为空

字符分类：数据库字符串的设置属性，默认为空

表空间：设置数据库默认表空间，默认为 pg_default

连接限制：设置数据库的最大连接数，默认"–1"，表示不设置最大连接数

允许连接：表示可以连接此数据库

是范本：表示将此数据库设为范本

打开 / 关闭数据库

数据库连接未打开时，图标为灰色，右键数据库连接选择打开数据库或点击数据库前的箭头图标，可以打开数据库。右键数据库连接，在弹出的菜单中可以选择关闭数据库。

删除数据库

选中数据库，右键菜单中选择"删除"，弹出确认是否删除数据库，选择【是】，删除数据库。如下：

4.2.3.2 管理表空间

选中数据库下表空间目录，右键点击，选择【新建表空间】，在弹出的界面中填入位置（表空间在服务器上存放路径）、拥有者等信息，点击【保存】，在弹出界面中，输入表空间名称，点击【确定】即可创建成功。

4.2.3.3 管理模式

模式是数据库对象的合集，包含了表、视图、物化视图、存储过程、索引等对象，模式可以设置属于某个数据库用户。

创建模式

选择模式，右键，弹出新建菜单模式，填入模式名称，选择模式的拥有者，点击【确认】即可完成模式创建，如下：

编辑删除模式

选中要编辑的模式，右键，弹出管理菜单，根据需要
选择编辑、删除、重命名等操作。

4.2.3.4 管理表

新建表

打开对应的模式，选择模式下表的分类，右键选择"新建
表"，如右图：

点击后，弹出表的创建设计界面，根据表结构填入表的列信息，填写完成后，点击【保
存】后，弹出表名称窗口，填入表名称，确认后，添加表成功，如下所示：

表的编辑界面，可以修改表的字段、索引、外键、唯一键、检查、排除（约束）、规则、触发器、分区、选择（属主、表空间等）等操作，表的创建过程中可以根据实际情况选择是否修改与表相关的属性。

编辑删除表

选中需要编辑的表，右键点击，弹出对表的操作界面，可以选择打开表、设计表、新建表、删除、备份等操作，如右图所示：

设计表，可以对表的结构重新进行调整。

4.2.3.5 管理视图

在模式下有对应的视图分类，右键点击视图分类，即对视图进行管理，视图创建需要直接输入视图的定义语句，点击【保存】，在弹出界面中输入视图名称，确定即可创建成功。

在视图分类中选择要操作的视图，右键点击，在弹出的菜单中选择要修改的功能。

物化视图与视图的创建管理方式相同，在物化视图分类中操作即可。

4.2.3.6 管理函数

Highgo Database 支持函数 / 存储过程，在模式中函数分类里，选中函数，右键点击，弹出创建函数 / 存储过程的界面，填入函数 / 存储过程名称，根据需要选择 FUNCTION/PROCEDURE，点击【是】后，进入函数编写界面。如下所示：

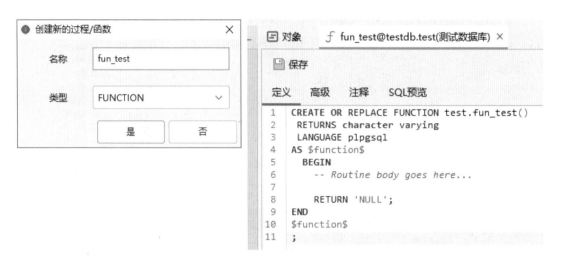

编辑完成后，点击【保存】即可保存成功。

保存后的函数，选中需要修改的函数，右键可弹出函数的操作功能。

4.2.3.7 管理序列

在序列分组中选中后，右键点击，弹出序列创建界面，根据需要填写序列的信息，然后点击【保存】后，弹出序列名称，输入序列名字后，点击【确定】。如下所示：

选中需要修改或删除的序列，右键点击，弹出功能菜单，根据需要选择即可。

4.2.3.8 管理用户

创建用户

角色目录中可以对角色、用户进行管理，右键点击弹出管理界面，弹出用户创建界面，如下：

选项介绍

角色名：设置新建角色的名称

角色 ID：不可编辑，默认为最大角色 ID 加 1（最小 100）

允许登录：勾选创建用户，不勾选创建角色

密码：设置用户密码

确认密码：输入上面的密码

连接限制：指定用户可以创建多少个连接。默认为 –1，表示没有限制

到期日期：设置密码到期时间。设置为缺省，密码将永久有效（安全版无效）

超级用户：勾选后有超级用户权限

可以创建数据库：赋予用户创建数据库的权限

可以创建角色：赋予用户创建角色的权限。

继承权限：属于这个角色的用户或角色是否继承这个角色的权限

可以复制：勾选后角色拥有流复制的权限

可以绕过 RLS：勾选后角色可以跳过行级安全策略

权限管理

角色或用户创建完成后，可以通过右键相应角色，在弹出的菜单中对角色或用户进行重命名、修改、删除等操作。重命名、删除等操作较为简单，此处介绍用户权限管理方法。创建或编辑用户时，选择权限页签，点击"添加权限"，在弹出窗口中对用户权限进行管理，可以分别设置数据库、模式、表空间、表、视图、函数、序列等各个数据库对象进行管理，每次授权仅能选择同一类别对象进行权限管理。选择完成后，点击【确定】保存即可，如下所示：

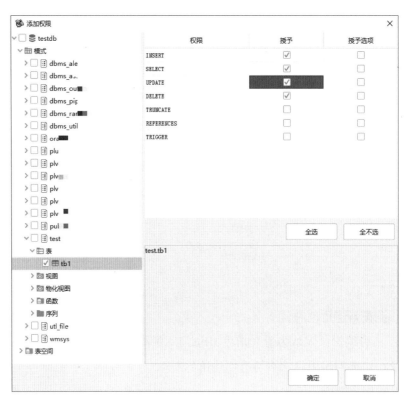

4.2.3.9 SQL 编辑器

点击工具栏中"新建查询"或点击 SQL 编辑器中新建查询即可打开 SQL 编辑器，在 SQL 编辑器中可以编写 SQL 语句，SQL 编辑器工具栏中，可以选择要执行语句的数据库、模式等信息，且可以获取 SQL 语句的执行计划，右键点击 SQL 编辑器，点击工具栏中的"格式化"按钮或右键点击在弹出菜单中点击"格式化"。若要保存执行的 SQL 语句，点击工具栏中保存（保存在 hgdbdeveloper 下的"Scripts"目录）或另存为保存到文件中。

4.2.3.10 备份

管理工具中提供了数据库备份与恢复的功能。选中要备份的数据库，右键点击，在弹出菜单上选中"备份"选项，弹出"备份"对话框，在对话框中选择要备份的数据库对象（模式、表等），点击【全选】可对整库备份，如下所示：

备份选项

对象：分为两部分显示，上面显示高一级目录，下面显示低一级目录，例如上面显示数据库列表，下面显示模式列表；上面如选中模式，则下面显示表列表。

全选：选中全部的模式或数据表。

全不选：取消选中全部的模式或数据表。

格式：下拉列表是用来选择生成的备份文件的格式，选项分别为：custom、tar、plain、directory，对应的备份文件格式为：backup、tar、sql、文件夹。

压缩率：下拉列表用来选择备份文件的压缩比率，范围为 0 ~ 9，压缩率越大备份文件越小。不选择"压缩率"表示不对备份文件进行压缩。

编码：下拉列表用来选择备份文件的编码，选项为 UTF8、GBK，不选择"编码"使用数据库默认编码。

使用 SQL INSERT 代替 COPY 来插入行：在备份时会使用 INSERT 语句来替代 COPY，默认 COPY。

输出位置：可以输入备份文件的存储位置，默认值为 C:\Users\Highgo\Documents，也可以点击右侧图标，在弹出的对话框中选择位置。

额外命令：可以输入备份时需要的其他命令。

4.2.3.11 恢复

管理工具提供对数据库的恢复功能，在数据库节点上右键点击，在弹出菜单选择恢复，在弹出的恢复窗口中，进行恢复。如下所示：

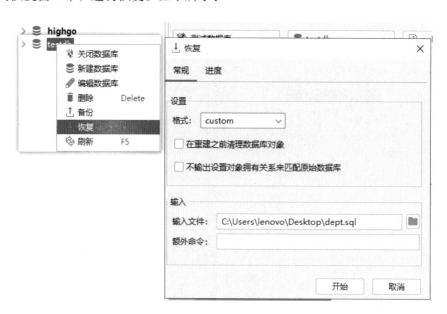

恢复选项

格式：下拉列表是用来选择备份文件的格式，选项分别为：custom、tar、plain、directory，对应的备份文件格式为：backup、tar、sql、文件夹。

在重建之前清理数据库对象：选中后，在恢复之前会将现有数据库中的数据库对象清空。

不输出设置对象拥有关系来匹配原始数据库：选中后，表示不输出命令来设置对象的所有权以匹配原始数据库。

输入文件：选择恢复文件的存储位置，也可以点击右侧图标，在弹出对话框中选择文件位置。

额外命令：输入恢复时需要的其他命令。

进度：显示恢复的进度。

本章介绍了瀚高数据库管理工具的常用功能，不能完全覆盖瀚高数据库管理工具的全部功能，如要获取全部功能，请下载瀚高数据库管理工具，查看瀚高数据库管理工具的帮助信息获得更多的帮助信息。

第 5 章
用户、角色与权限管理

本章描述了 HGDB 用户、角色及权限相关内容，并介绍了 HGDB 的权限系统。

5.1 数据库的逻辑结构

为更好地了解瀚高数据库的权限体系，我们首先简单了解一下瀚高数据库的逻辑结构。

在瀚高数据库中，逻辑结构大体可分为：database cluster、database、schema、object。Database cluster 是 HGDB 管理的数据库的集合，每个 Database cluster 可以有一个或多个数据库组成。每个 database 下有一个或多个 schema，每个 schema 下有表、视图、物化视图、序列、函数等对象。关系图如下：

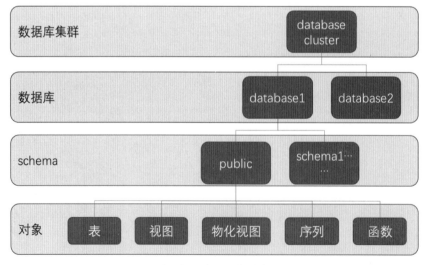

图 1 数据库的逻辑结构

5.2 数据库的权限结构

借助瀚高数据库的逻辑结构可以方便地了解数据库的权限结构，每一层逻辑结构均可进行授权。根据逻辑结构可将权限分为数据库集群权限、数据库权限、schema 权限、对象权限、三权分立。

在瀚高数据库中，角色或用户属于整个数据库集，不属于任何数据库。即在权限足够的情况下，一个用户可以连接到数据库集群中的任意一个数据库。

5.2.1 数据库集群权限管理

数据库集群的权限通过配置文件 pg_hba.conf 进行控制，pg_hba.conf 文件的常用格式是一组记录，每行一条，记录不能跨行，使用"#"作为注释符。一条记录由若干空格或制表符分割地域组成。数据库、用户名、地址域中不能使用关键字（如 all、replication 等）。每条记录指定连接类型、客户端 IP 地址范围、数据库名、用户名等被用于执行认证。如果执行了一条记录并且认证失败，那么将不再执行后面的记录，如果没有匹配的记录，访问将被拒绝。

记录的格式如下：

```
local database user auth-method [auth-options]

host database user address auth-method [auth-options]

hostssl database user address auth-method [auth-options]

hostnossl database user address auth-method [auth-options]

host database user IP-address IP-mask auth-method [auth-options]

hostssl database user IP-address IP-mask auth-method [auth-options]

hostnossl database user IP-address IP-mask auth-method [auth-options]

hostgssenc database user IP-address IP-mask auth-method [auth-options]

hostnogssenc database user IP-address IP-mask auth-method [auth-options]
```

各个域的含义如下：

● local

匹配使用 Unix 套接字的连接。如果没有这种类型记录，就不允许 Unix 套接字连接。

● host

匹配使用 TCP/IP 建立的连接。host 记录匹配 SSL 和非 SSL 的连接尝试。需要配合设置 listen_addresses 参数。

● hostssl

匹配使用 TCP/IP 建立的连接，且必须是使用 SSL 加密的连接。

● hostnossl

匹配使用 TCP/IP 建立的连接，且不使用 SSL 的连接。

● hostgssenc

匹配使用 TCP/IP 建立的连接，且使用 GSSAPI 加密建立连接。必须使用 GSSAPI 支持构建服务器。支持身份认证的方法包括：gss，reject 和 trust。

● hostnogssenc

与 hostgssenc 相反，匹配通过不使用 GSSAPI 加密的 TCP/IP 连接。

● database

指定记录匹配的数据库名称。all 指定匹配所有数据库；sameuser 指定匹配被请求的数据库和请求的用户同名；值 samerole 指定匹配请求的用户必须是一个与数据库同名的角色中的成员；值 replication 匹配物理复制连接请求。

● user

指定记录匹配哪些数据库用户名。值 all 指定匹配所有用户。

● address

指定记录匹配的客户端机器地址。可以包含一个主机名、一个 IP 地址范围。all 指定匹配所有 IP 地址；samehost 匹配任何本服务器自身的 IP 地址；samenet 匹配本服务器直接连接到任意子网的任意地址。

● IP-address IP-mask

这两部分可以用 IP-address/mask-length 方法替代。

● auth-method

指定连接使用的身份验证方法。有如下几种选项：

trust：不需要认证即可连接数据库。

reject：拒绝记录中的地址连接数据库。

scram-sha-256：使用 scram-sha-256 认证验证用户口令。

md5：使用 md5 验证用户口令。

sm3：使用 sm3 验证用户口令，sm3 是国密算法中的一种散列算法。

password：要求客户端提供一个未加密的口令进行验证。

gss：用 GSSAPI 认证用户。仅对 TCP/IP 连接使用。

sspi：用 SSPI 认证用户。仅在 Windows 平台可用。

ident：通过联系客户端的 ident 服务器获取客户端操作系统名，并检查是否匹配被请求的数据库名。只能在 TCP/IP 连接上使用。

peer：从操作系统获得客户端的操作系统用户，并检查是否匹配被请求的数据库用户。

ldap：使用 ldap 服务器认证。

radius：使用 radius 服务器认证。

cert：使用 SSL 客户端证书认证。

pam：使用操作系统 PAM 木块认证。

bsd：使用操作系统提供的 BSD 认证。

● auth-options

指定认证方法的选项，可以不指定。

常用示例：

允许本地系统任何用户通过 Unix 套接字连接数据库

#TYPE DATABASE USER ADDRESS METHOD

local all all trust

允许本地系统任何用户通过环回 TCP/IP 连接数据库

#TYPE DATABASE USER ADDRESS METHOD

host all all 127.0.0.1/32 trust

允许网段 192.168.93.x 使用 sm3 验证口令，连接数据库 highgo

#TYPE DATABASE USER ADDRESS METHOD

host highgo all 192.168.93.0/24 sm3

仅允许 192.168.12.10 使用数据库用户通过 md5 验证口令连接到数据库 highgo

#TYPE DATABASE USER ADDRESS METHOD

host highgo all 192.168.12.10/32 md5

5.3 角色和用户权限管理

瀚高数据库中，使用角色管理数据库访问权限，角色可以看成是数据库用户或数据库用户组。角色可以拥有数据库对象，并且能把对象上的权限赋予其他角色控制哪些用户可以访问哪些权限。此外，还可以把角色中的成员资格授予其他角色。角色包含了用户和组的概念，任意角色都可以修改为用户或组。

本章节介绍了角色和用户的创建、修改、赋权、撤销权限等操作的语法，本章节介绍语法不能完全用于三权分立，具体参见三权分立章节。

5.3.1 创建角色和用户

角色和用户唯一不同点是角色不能连接数据库，角色和用户可以通过 create role/user name 语句创建，创建语法如下：

```
CREATE ROLE/USER name [ [ WITH ] option [ ... ] ]
option 选项如下：
SUPERUSER | NOSUPERUSER
| CREATEDB | NOCREATEDB
| CREATEROLE | NOCREATEROLE
| INHERIT | NOINHERIT
| LOGIN | NOLOGIN
| REPLICATION | NOREPLICATION
| BYPASSRLS | NOBYPASSRLS
| CONNECTION LIMIT connlimit
| [ ENCRYPTED ] PASSWORD 'password' | PASSWORD NULL
| VALID UNTIL 'timestamp'
| IN ROLE role_name [, ...]
| ROLE role_name [, ...]
| ADMIN role_name [, ...]
```

option 选项含义如下：

SUPERUSER | NOSUPERUSER

是否授予超级用户权限，要创建超级用户，必须使用超级用户执行。

CREATEDB | NOCREATEDB

是否授予角色或用户创建数据库的权限。

CREATEROLE | NOCREATEROLE

是否授予创建角色或用户的权限，使用该选项创建的角色或用户具有创建用户或角色的权限，具有 create role 权限的角色也可以修改和删除其他角色，可以授予或回收角色中的成员关系，但没有管理超级用户的权限。

INHERIT | NOINHERIT

是否授予角色或用户继承所属其角色的权限。

LOGIN | NOLOGIN

是否授予角色或用户登录数据库权限，具有 login 属性的角色即为用户。即 create user 默认有 login 权限，create role 默认没有 login 权限。

REPLICATION | NOREPLICATION

是否授予角色或用户流复制初始化权限。该权限要求必须具有 LOGIN 权限，即数据库用户。

BYPASSRLS | NOBYPASSRLS

是否授予新建用户绕过行级安全策略（RLS）。

CONNECTION LIMIT connlimit

指定用户能建立的并发连接，默认值 −1 表示无限制。后台进程不受此选项限制。

[ENCRYPTED] PASSWORD 'password'

创建用户时指定用户密码。

VALID UNTIL 'timestamp'

用户或角色的失效日期。

IN ROLE role_name

新角色或用户属于哪些角色。

ROLE role_name

ROLE 子句列出一个或者多个现有角色，它们会被自动作为成员加入新角色中。

ADMIN role_name

与 ROLE 选项相似，使 admin 选项加入新角色，表示被赋予权限的用户，还能将对应的权限赋予给其他用户，否则不能将权限再赋予给其他用户。

5.3.2 修改角色和用户

角色和用户使用 alter ROLE/USER 语句进行管理，alter ROLE/USER 语法如下：

```
ALTER ROLE/USER role_specification [ WITH ] option [ ... ]

option 如下：
SUPERUSER | NOSUPERUSER
| CREATEDB | NOCREATEDB
| CREATEROLE | NOCREATEROLE
| INHERIT | NOINHERIT
| LOGIN | NOLOGIN
| REPLICATION | NOREPLICATION
| BYPASSRLS | NOBYPASSRLS
| CONNECTION LIMIT connlimit
| [ ENCRYPTED ] PASSWORD 'password' | PASSWORD NULL
| VALID UNTIL 'timestamp'
```

alter role/user 语句的 option 选项详解参见 create role/user 的 option 选项。

5.3.3 授予角色和用户权限

角色和用户使用 grant 命令赋予权限，grant 命令有两种变体：一种授予对数据库对象（表、列、视图、外部表、序列、数据库、外部数据包装器、外部服务器、函数、过程、过程语言、模式、表空间等）；另一种是将角色或用户授予另一个角色或用户。

-- 授予角色或用户对数据库表的操作权限

```
GRANT { { SELECT | INSERT | UPDATE | DELETE | TRUNCATE | REFERENCES |
TRIGGER }
[, ...] | ALL [ PRIVILEGES ] }
ON { [ TABLE ] table_name [, ...]
| ALL TABLES IN SCHEMA schema_name [, ...] }
TO role_specification [, ...] [ WITH GRANT OPTION ]
```

-- 授予角色或用户对数据库表的列的操作权限

```
GRANT { { SELECT | INSERT | UPDATE | REFERENCES } ( column_name [, ...] )
[, ...] | ALL [ PRIVILEGES ] ( column_name [, ...] ) }
ON [ TABLE ] table_name [, ...]
TO role_specification [, ...] [ WITH GRANT OPTION ]
```

-- 授予角色或用户对序列的操作权限

```
GRANT { { USAGE | SELECT | UPDATE }
[, ...] | ALL [ PRIVILEGES ] }
ON { SEQUENCE sequence_name [, ...]
| ALL SEQUENCES IN SCHEMA schema_name [, ...] }
TO role_specification [, ...] [ WITH GRANT OPTION ]
```

-- 授予角色或用户对数据库的操作权限

```
GRANT { { CREATE | CONNECT | TEMPORARY | TEMP } [, ...] | ALL [ PRIVILEGES ] }
ON DATABASE database_name [, ...]
TO role_specification [, ...] [ WITH GRANT OPTION ]
```

-- 授予角色或用户对域的操作权限

```
GRANT { USAGE | ALL [ PRIVILEGES ] }
ON DOMAIN domain_name [, ...]
TO role_specification [, ...] [ WITH GRANT OPTION ]
```

-- 授予角色或用户对外部数据包装器的操作权限

```
GRANT { USAGE | ALL [ PRIVILEGES ] }

ON FOREIGN DATA WRAPPER fdw_name [, ...]

TO role_specification [, ...] [ WITH GRANT OPTION ]
```

-- 授予角色或用户对外部服务器的操作权限

```
GRANT { USAGE | ALL [ PRIVILEGES ] }

ON FOREIGN SERVER server_name [, ...]

TO role_specification [, ...] [ WITH GRANT OPTION ]
```

-- 授予角色或用户对函数、存储、ROUTINE 的操作权限

```
GRANT { EXECUTE | ALL [ PRIVILEGES ] }

ON { { FUNCTION | PROCEDURE | ROUTINE } routine_name [ ( [ [ argmode ]

[ arg_name ] arg_type [, ...] ] ) ] [, ...]

| ALL { FUNCTIONS | PROCEDURES | ROUTINES } IN SCHEMA schema_name

[, ...] }

TO role_specification [, ...] [ WITH GRANT OPTION ]
```

-- 授予角色或用户对编程语言的操作权限

```
GRANT { USAGE | ALL [ PRIVILEGES ] }

ON LANGUAGE lang_name [, ...]

TO role_specification [, ...] [ WITH GRANT OPTION ]
```

-- 授予角色或用户对大对象的操作权限

```
GRANT { { SELECT | UPDATE } [, ...] | ALL [ PRIVILEGES ] }

ON LARGE OBJECT loid [, ...]

TO role_specification [, ...] [ WITH GRANT OPTION ]
```

-- 授予角色或用户对 schema 的操作权限

```
GRANT { { CREATE | USAGE } [, ...] | ALL [ PRIVILEGES ] }

ON SCHEMA schema_name [, ...]

TO role_specification [, ...] [ WITH GRANT OPTION ]
```

-- 授予角色或用户对表空间的操作权限

```
GRANT { CREATE | ALL [ PRIVILEGES ] }

ON TABLESPACE tablespace_name [, ...]

TO role_specification [, ...] [ WITH GRANT OPTION ]
```

-- 授予角色或用户对数据类型的操作权限

```
GRANT { USAGE | ALL [ PRIVILEGES ] }

ON TYPE type_name [, ...]
```

TO role_specification [, ...] [WITH GRANT OPTION]

grant 可授予权限的如下：

SELECT

允许对授权的列、表、视图、物化视图等对象的查询权限。还允许使用 COPY TO。对于序列而言，这个权限还允许使用 currval 函数。对于大对象，此权限允许读取对象。

INSERT

允许将新数据插入表、视图等。可以在特定列授予该权限，这种情况只能向授予权限的列执行 insert 操作（其他列使用默认值）。允许使用 COPY FROM。

UPDATE

允许更新列、表、视图等对象（同时授予 select 权限）。对于序列，此权限允许使用 nextval 和 setval 函数。对于大对象，此权限允许写入或截断对象。

DELETE

允许从表、视图等删除数据（同时授予 select 权限）。

TRUNCATE

允许在表、视图等对象上使用 truncate 命令。

REFERENCES

允许创建引用表或表的特定列的外键约束。

TRIGGER

允许在表、视图等对象上创建触发器。

CREATE

对于数据库，允许在数据库中创建新的模式和发布订阅。

对于 schema，允许在模式中创建新的对象。

对于表空间，允许在表空间中创建表、索引、临时文件等，如有创建数据库权限，可创建将表空间作为默认表空间的数据库。

CONNECT

允许用户连接到数据库（需要先通过 pg_hba.conf 的限制）。

TEMPORARY

允许在使用数据库时创建临时表。

EXECUTE

允许调用函数或过程，包括通过函数实现的运算符。

USAGE

对于程序语言，允许使用指定的程序语言创建函数；对于 Schema，允许查找该 Schema 下的对象；对于序列，允许使用 currval 和 nextval 函数；对于外部封装器，允许使用外部封装器来创建外部服务器；对于外部服务器来说，允许创建外部表。

role_specification 可以是：

[GROUP] role_name

| PUBLIC

| CURRENT_USER

| SESSION_USER

如果指定了"WITH ADMIN OPTION"选项，表示被赋予权限的用户，还能将对应的权限赋予其他用户，否则不能将权限再赋予其他用户。

5.3.4 撤销角色和用户权限

角色和用户使用 revoke 命令回收权限，与 grant 命令类似，revoke 也有两种变体：一种授予数据库对象（表、列、视图、外部表、序列、数据库、外部数据包装器、外部服务器、函数、过程、过程语言、模式、表空间等）；另一种是将角色或用户授予另一个角色或用户。

-- 撤销角色或用户对表的操作权限

```
REVOKE [ GRANT OPTION FOR ]
{ { SELECT | INSERT | UPDATE | DELETE | TRUNCATE | REFERENCES | TRIGGER }
[, ...] | ALL [ PRIVILEGES ] }
ON { [ TABLE ] table_name [, ...]
| ALL TABLES IN SCHEMA schema_name [, ...] }
FROM { [ GROUP ] role_name | PUBLIC } [, ...]
[ CASCADE | RESTRICT ]
```

-- 撤销角色或用户对表中列的操作权限

```
REVOKE [ GRANT OPTION FOR ]
{ { SELECT | INSERT | UPDATE | REFERENCES } ( column_name [, ...] )
[, ...] | ALL [ PRIVILEGES ] ( column_name [, ...] ) }
ON [ TABLE ] table_name [, ...]
FROM { [ GROUP ] role_name | PUBLIC } [, ...]
[ CASCADE | RESTRICT ]
```

-- 撤销角色或用户对序列的操作权限

```
REVOKE [ GRANT OPTION FOR ]
{ { USAGE | SELECT | UPDATE }
[, ...] | ALL [ PRIVILEGES ] }
```

ON { SEQUENCE sequence_name [, ...]

| ALL SEQUENCES IN SCHEMA schema_name [, ...] }

FROM { [GROUP] role_name | PUBLIC } [, ...]

[CASCADE | RESTRICT]

-- 撤销角色或用户对数据库的操作权限

REVOKE [GRANT OPTION FOR]

{ { CREATE | CONNECT | TEMPORARY | TEMP } [, ...] | ALL [PRIVILEGES] }

ON DATABASE database_name [, ...]

FROM { [GROUP] role_name | PUBLIC } [, ...]

[CASCADE | RESTRICT]

-- 撤销角色或用户对域的操作权限

REVOKE [GRANT OPTION FOR]

{ USAGE | ALL [PRIVILEGES] }

ON DOMAIN domain_name [, ...]

FROM { [GROUP] role_name | PUBLIC } [, ...]

[CASCADE | RESTRICT]

-- 撤销角色或用户对外部数据包装器的操作权限

REVOKE [GRANT OPTION FOR]

{ USAGE | ALL [PRIVILEGES] }

ON FOREIGN DATA WRAPPER fdw_name [, ...]

FROM { [GROUP] role_name | PUBLIC } [, ...]

[CASCADE | RESTRICT]

-- 撤销角色或用户对外部服务器的操作权限

REVOKE [GRANT OPTION FOR]

{ USAGE | ALL [PRIVILEGES] }

ON FOREIGN SERVER server_name [, ...]

FROM { [GROUP] role_name | PUBLIC } [, ...]

[CASCADE | RESTRICT]

-- 撤销角色或用户对函数、存储、ROUTINE 的操作权限

REVOKE [GRANT OPTION FOR]

{ EXECUTE | ALL [PRIVILEGES] }

ON { { FUNCTION | PROCEDURE | ROUTINE } function_name [([[argmode]

[arg_name] arg_type [, ...]])] [, ...]

```
| ALL { FUNCTIONS | PROCEDURES | ROUTINES } IN SCHEMA schema_name
[, ...] }
FROM { [ GROUP ] role_name | PUBLIC } [, ...]
[ CASCADE | RESTRICT ]
```

-- 撤销角色或用户对编程语言的操作权限

```
REVOKE [ GRANT OPTION FOR ]
{ USAGE | ALL [ PRIVILEGES ] }
ON LANGUAGE lang_name [, ...]
FROM { [ GROUP ] role_name | PUBLIC } [, ...]
[ CASCADE | RESTRICT ]
```

-- 撤销角色或用户对大对象的操作权限

```
REVOKE [ GRANT OPTION FOR ]
{ { SELECT | UPDATE } [, ...] | ALL [ PRIVILEGES ] }
ON LARGE OBJECT loid [, ...]
FROM { [ GROUP ] role_name | PUBLIC } [, ...]
[ CASCADE | RESTRICT ]
```

-- 撤销角色或用户对 schema 的操作权限

```
REVOKE [ GRANT OPTION FOR ]
{ { CREATE | USAGE } [, ...] | ALL [ PRIVILEGES ] }
ON SCHEMA schema_name [, ...]
FROM { [ GROUP ] role_name | PUBLIC } [, ...]
[ CASCADE | RESTRICT ]
```

-- 撤销角色或用户对表空间的操作权限

```
REVOKE [ GRANT OPTION FOR ]
{ CREATE | ALL [ PRIVILEGES ] }
ON TABLESPACE tablespace_name [, ...]
FROM { [ GROUP ] role_name | PUBLIC } [, ...]
[ CASCADE | RESTRICT ]
```

-- 撤销角色或用户对数据类型的操作权限

```
REVOKE [ GRANT OPTION FOR ]
{ USAGE | ALL [ PRIVILEGES ] }
ON TYPE type_name [, ...]
FROM { [ GROUP ] role_name | PUBLIC } [, ...]
```

```
[ CASCADE | RESTRICT ]
```
-- 撤销角色或用户拥有的某个角色的权限
```
REVOKE [ ADMIN OPTION FOR ]
role_name [, ...] FROM role_name [, ...]
[ CASCADE | RESTRICT ]
```

5.4 三权分立

5.4.1 什么是三权分立

瀚高数据库安全版对系统管理的权限进行了分立，使系统中不存在超级管理员 / 超级用户和权限过高的角色和用户，降低安全隐患和风险。

数据库系统中存在相互独立、相互制约的系统管理员（sysdba）、安全保密管理员（syssso）和安全审计员（syssao）三个管理员角色。系统管理员主要负责系统运行和生成用户身份标识符；安全保密管理员主要负责用户权限设定、安全策略配置管理；安全审计管理员主要负责对数据库所有用户操作行为审计的策略设置和审计记录的查询与分析。

5.4.2 对象权限控制

三权分立开启的情况下（如下表格内容以 hg_sepv4=v45 为例说明）， 三个管理员用户和普通用户对数据库对象的权限如下：

操作对象	操作名称	sysdba	syssso	syssao	普通用户
表空间	创建表空间	只能创建属主为自己的表空间，带 owner 属性创建时除 owner sysdba 外均创建失败，报错为：The owner of the tablespace can only be sysdba（表空间的属主只能是 sysdba）	无权限	无权限	无权限
	修改表空间属性	不能修改表空间属主为其他用户，若修改属主为 sysdba 外的用户，则修改失败，报错为：The owner of the tablespace can only be sysdba（表空间的属主只能是 sysdba）	无权限	无权限	无权限

表空间	表空间权限赋权及回收	不能赋权给其他管理员用户，可以赋权给自己及普通用户；不能将 with grant option 属性给任何用户	无权限	无权限	无权限
	删除表空间	对所有表空间权限有删除权限	无权限	无权限	无权限
数据库	创建数据库	只能创建属主为自己的数据库，带 owner 属性创建时除 owner sysdba 外均创建失败，报错为：The owner of the database can only be sysdba（数据库的属主只能是 sysdba）	无权限	无权限	无权限
	修改数据库属性	不能修改数据库属主为其他用户，若修改属主为 sysdba 外的用户，则修改失败，报错为：The owner of the database can only be sysdba（数据库的属主只能是 sysdba）	无权限	无权限	无权限
	数据库权限赋权及回收	不能将 create/temporary/temp 权限赋权给 syssso 和 syssao 用户；不能将 with grant option 属性给任何用户	无权限	无权限	无权限
	删除数据库	对所有数据库有删除权限	无权限	无权限	无权限
模式	创建模式	只可创建属主为自己或属主为普通用户的模式	无权限	无权限	赋权数据库权限后只可创建属主为自己的模式
	修改模式属性	只可修改属主为自己的模式的属性（如：rename to/owner to），可以将属主修改为自己及普通用户，但是不可以修改为其他管理员用户	无权限	无权限	赋权数据库权限后只可修改属主为自己的模式的属性，且只可修改属主为自己的用户组成员，不可以将属主修改为管理员用户或其他普通用户

续表

模式	模式权限赋权及回收	不能将属主为自己的模式的权限赋权给 sysdba 外的任何用户，对于属主非自己的模式无权限	可以将普通用户模式的权限赋权给自己及其他普通用户	无权限	只可将属主为自己的模式的权限授予自己及其他普通用户，不能授予管理员用户，对于属主非自己的模式无权限
	使用模式	只可使用属主为自己的模式及 public 模式	只可使用属主为自己的模式及有限访问 public 模式	只可使用属主为自己的模式及有限访问 public 模式	只可使用属主为自己的和已授权的模式及 public 模式
	删除模式	只可删除属主为自己的模式（public 模式不可删除）	无权限	无权限	只可删除属主为自己的模式，有其他用户创建的对象时可使用级联删除
用户或角色	创建用户或角色	1. 不带属性（除 password 属性）创建用户时可创建成功，创建角色时不带 password 属性可创建成功 2. 创建用户或角色时，若带有 superuser、createdb、createrole 属性，则创建失败，报错为：can't create with superuser/createdb/createrole 3. 创建用户时，若带有 replication 属性，可创建成功 4. 三个管理员用户的权限不可以通过继承属性赋予其他用户，也不可继承其他用户的权限	无权限	无权限	无权限

用户或角色	修改用户或角色属性	1.修改用户属性时,若带有 superuser、createdb、createrole 属性,则修改失败,报错为 permission denied 2.可对其他用户进行重命名,不可对 sysdba、syssso、syssao 三个管理员用户进行重命名 3.不可修改其他用户的密码及有效期,也不可修改自己的密码有效期	除安全版特殊要求(syssso 可以修改用户密码、有效期)外,均无权限	无权限	无权限
	删除用户或角色	1.可删除普通用户 2.不能通过 drop 命名删除 sysdba、syssso、syssao 三个管理员用户	无权限	无权限	无权限
表	创建表	只可在自建模式和 public 模式下创建表	无权限	无权限	只可在自建模式、已授权的模式和 public 模式下创建表
	查询及使用表	只可查询、使用属主为自己的表及安全功能中特殊要求的表	可以查询、使用属主为自己的表及安全功能中特殊要求的表	可以查询、使用属主为自己的表及安全功能中特殊要求的表	可以查询、使用属主为自己的表及安全功能中特殊要求的表
	修改表属性	只可修改自己创建的表的属性,不可将自己的表的属主修改为自己外的其他用户	无权限	无权限	只可修改自己创建的表的属性,不可将自己的表的属主修改为自己外的其他用户
	表权限赋权及回收	自己的表不能授权给自己外的其他用户,其他用户的表也不能赋权给 sysdba	赋权模式的权限后可以将普通用户自建模式下的表赋权给其他普通用户	无权限	只可将属主为自己的表赋权给自己及其他普通用户,但不可以赋权给管理员用户
	删除表	只可删除属主为自己的表	无权限	无权限	只可删除属主为自己的表

续表

索引	创建索引	只可在自建表上创建索引	无权限	无权限	只可在自建表上创建索引
	修改索引	只可修改自己创建的索引	无权限	无权限	只可修改自己创建的索引
	删除索引	只可删除自己创建的索引	无权限	无权限	只可删除自己创建的索引
函数	创建函数	只可在自建模式和public模式下创建函数	无权限	无权限	只可在自建模式、已授权的模式及public下创建函数
	修改函数属性	只可修改属主为自己的函数的属性（如 rename to/set schema/depends on extension），owner to 属性只可修改为 sysdba，若修改 owner to 属性为 sysdba 以外的用户，则提示 permission denied	无权限	无权限	只可修改属主为自己的函数的属性，但 owner to 属性不可修改，若修改 owner to 属性为除本用户之外的用户，则提示 You can't change the owner（不能改变属主）
	函数权限赋权及回收	不可将属主为自己的函数的权限授予自己外的其他用户，也不可将其他用户创建的函数权限赋权给 sysdba	赋权模式的权限后可将普通用户自建模式下的函数赋权给其他普通用户	无权限	只可将属主为自己的函数权限赋予自己及其他普通用户，不能赋权给管理员用户
	调用函数	只可删除属主为自己的函数	无权限	无权限	只可删除属主为自己的函数
存储过程	创建存储过程	只可在自建模式和public模式下创建存储过程	无权限	无权限	只可在自建模式和public模式下创建存储过程
	修改存储过程属性	只可修改属主为自己的存储过程的属性（如：rename to/set schema/depends on extension），owner to 属性只可修改为 sysdba，若修改 owner to 属性为 sysdba 以外的用户，则提示 permission denied	无权限	无权限	只可修改属主为自己的函数的属性，但 owner to 属性不可修改，若修改 owner to 属性为除本用户之外的用户，则提示 You can't change the owner（不能改变属主）

续表

存储过程	存储过程权限赋权及回收	不可以将属主为自己的存储过程的权限赋予任何其他用户,也不可将其他用户创建存储过程权限赋权给sysdba	赋权模式的权限后可以将普通用户自建模式下的存储过程赋权给其他普通用户	无权限	只可将自己创建的存储过程权限赋权给其他普通用户,不能赋权给管理员用户
	调用存储过程	只可调用属主为自己的存储过程	只可调用public模式下的sysdba的存储过程和属主为自己的存储过程	只可调用public模式下sysdba的存储过程和属主为自己的存储过程	只可调用属主为自己的存储过程和已授权的存储过程及public模式下的sysdba的存储过程
	删除存储过程	只可删除属主为自己的存储过程	无权限	无权限	只可删除属主为自己的存储过程
序列	创建序列	只可在自己模式和public模式下创建序列	无权限	无权限	只可在自己模式、已授权的模式及public模式下创建序列
	修改序列属性	只可修改属主为自己的序列的属性(如:rename to/owner to/set schema),属主不能修改为自己外的其他用户	无权限	无权限	只可修改属主为自己的序列的属性(如:rename to/owner to/set schema),属主不能修改为自己外的其他用户
	序列权限赋权及回收	不可以将自己创建的序列的权限赋予自己外的其他用户,也不可将其他用户创建的序列权限赋权给sysdba	赋权模式的权限后可以将普通用户自建模式下的序列赋权给其他普通用户	无权限	只可将自己创建的序列的权限赋权给自己及其他普通用户,不能赋权给管理员用户
	使用及查询序列	只可使用及查询属主为自己的序列	无权限	无权限	只能使用及查询属主为自己及已授权的序列
	删除序列	只可删除属主为自己的序列	无权限	无权限	只可删除属主为自己的序列
视图	创建视图	只可在自建表上创建视图	无权限	无权限	只可在有增删改查权限的表上创建视图

续表

视图	修改视图属性	只可修改属主为自己的视图的属性，属主可以修改为自己，不能修改为其他管理员及普通用户	无权限	无权限	只可修改属主为自己的用户组成员，不可以将属主修改为管理员用户及其他普通用户
	删除视图	只可删除属主为自己的视图	无权限	无权限	只可删除属主为自己的视图
导入导出	copy	只可导入数据到本用户对象，只可导出本用户数据	无权限	无权限	无权限
	\copy	只可导入数据到本用户对象，只可导出本用户数据	无权限	无权限	只可导入数据到本用户对象，只可导出本用户数据及已授权的数据
安全策略	安全策略配置	无权限	可进行安全策略参数设置	无权限	无权限
	安全策略查询	无权限	可查询安全策略参数值	无权限	无权限
安全标记	安全标记设置	无权限	只可对普通用户的安全标记	无权限	无权限
	安全标记查询	可查询自己创建地表的安全标记值及行安全标记值	可查询所有用户、表、行的安全标记	无权限	可查询可支配（根据强访规则确定）行安全标记值
审计	审计策略配置	无权限	无权限	可进行审计策略参数设置	无权限
	审计策略查询	无权限	无权限	可查询审计策略参数值	无权限
	审计操作	无权限	无权限	可审计数据库及用户的操作	无权限
逻辑备份恢复	pg_dumpall/pg_dump/pg_restore	可以备份恢复所有数据（备份前需进行数据加密，确保对其他用户的数据无权查看）	无权限	无权限	具有备份恢复用户本身数据的权限

第6章
数据库对象管理

在 HGDB 中，最上层的是实例，每个实例中允许创建多个数据库，每个数据库中可以创建多个 schema，每个 schema 可以创建多个对象。对象包括表、物化视图、索引、视图、序列、函数、存储过程、触发器等。在本章中将逐一介绍这些对象的创建、修改、删除等日常管理操作。

6.1 表

在关系型数据库中，原始数据存储在表中。表由行和列组成，列的数量顺序是固定的，并且每列有一个名字。行的数目是变化的，反映了给定时刻表中存储数据量。当表被读取时，除非明确的指定需要排序，否则将以非特定顺序读取。表中的每列都有一个数据类型，数据类型约束列的值，并且为列中存储的数据赋予了语义，这样可以用于计算。HGDB 中包含了很多内建数据类型，可以适用于很多应用。用户也可以自定义自己的数据类型。

6.1.1 创建表

在 HGDB 中，支持 SQL 标准中创建表的语法，要创建一个表，需要用到 CREATE TABLE 命令。在这个命令中，至少需要为新表指定一个表名及列的名字和数据类型。最简单的建表形式如下：

```
CREATE TABLE table_name(
col_name1 data_type,
col_name2 data_type,
col_name3 data_type )
;
```

例如，创建表 test，包含两列，id 和 info，分别为 integer 和 text 类型。

```
highgo=# CREATE TABLE test(id integer,info text);
CREATE TABLE
```

创建表时，表名必须由字母、数字、下划线组成，开头不能为数字。表名不能使用数据库中的关键词。表创建成功后，表名默认存储为小写，如要存储为大写，需要使用双引号，例如 create table "TEST"。

6.1.2 默认值

表中的列可以分配一个默认值，当新行被创建时，且对应列没有指定值时，这些列将会写入相应的默认值。表创建时可以指定列的默认值，如果没有指定默认值，则默认值是空值。默认值可以是一个确定的值，也可以是一个表达式。例如指定默认值为 CURRENT_TIMESTAMP，这样将写入插入行时的时间。如果指定默认值为序列，将为每一行生成一个序列号。

指定默认值语法如下：

```
CREATE TABLE table_name(
col_name1 data_type,
col_name2 data_type,
col_name3 data_type DEFAULT default_expr )
;
```

例如：

```
highgo=# CREATE TABLE test(id integer,info text,logtime timestamp default CURRENT_TIMESTAMP);
CREATE TABLE
highgo=# insert into test values(1,'highgo database');
INSERT 0 1
highgo=# select * from test;
 id |   info     |      logtime
----+----------------+---------------------------
  1 | highgo database | 2021-04-26 16:46:02.665968
(1 row)
```

6.1.3 生成列

生成列是一种特殊的列，它是由其他列计算而来。Highgo Database 中实现了存储生成列，存储生成列在写入（插入或更新）时计算，并且占用存储空间。类似于物化视图。

生成列不能被直接写入，在 insert 或 update 命令中，不能为生成列指定值，但是可以指定关键字 DEFAULT。

生成列和有生成列的表的定义的限制如下：

●生成表达式只能使用不可变函数，且不能使用子查询或以任何方式引用当前行以外的任何内容。

●生成表达式不能引用另一个生成列。

●生成表达式不能引用系统表，除了 tableoid。

●生成列不能具有列默认或标识定义。

●生成列不能是分区键的一部分。

●外部表可以有生成列。

使用生成列的其他注意事项

●生成列保留着有别于其下层的基础列的访问权限。因此，可以对其进行排列以便于从生成列中读取特定的角色，而不是从下层基础列。

●生成列在 BEFORE 触发器运行后更新。因此，BEFORE 触发器中的基础列所做的变更将反映在生成列中。但不允许访问 BEFORE 触发器中的生成列。

生成列的创建语法如下：

```
CREATE TABLE table_name(
col_name1 data_type,
col_name2 data_type,
col_name3 data_type DEFAULT GENERATED ALWAYS AS (generation_expr) stored )
;
```

如下示例，创建 id_2，内容为 id 值的 2 倍。

```
highgo=# CREATE TABLE test(id integer,info text,id_2 integer GENERATED ALWAYS AS ( id*2) stored);
CREATE TABLE
highgo=# insert into test values(1,'Highgo Database');
INSERT 0 1
highgo=# select * from test;
 id |      info       | id_2
----+-----------------+------
  1 | Highgo Database |    2
(1 row)
```

6.1.4 约束

数据类型是一种能够限制存储在表中数据类别的方法，但提供的约束太粗糙，难以满足复杂情况下对数据的约束。通过在列和表上定义约束可以提供更加精细的对表内数据库的控制管理。

约束能让我们根据自己的要求来控制表中的数据，如果用户试图在列中保存违反约束的数据的，数据库会抛出错误，即便值来自默认值，规则同样适用。

6.1.4.1 检查约束

检查约束是最普通的约束类型，它允许指定一个特定列中的值必须要一个布尔表达式。约束定义和默认值定义一样跟在数据类型后，默认值和约束之间的顺序没有影响。检查约束由关键字 CHECK 以及其后的包围在圆括号中的表达式组成。检查约束表达式应该涉及被约束的列，否则约束没有实际意义。

可以给约束一个独立的名称，以便在出现违反约束错误时，报错信息更加清晰，同时也可以在需要更改约束时能引用该约束。

约束定义跟在列定义后，这种约束称为列约束。列约束创建语法如下：

```
CREATE TABLE table_name(
col_name1 data_type,
col_name2 data_type,
col_name3 data_type CONSTRAINT check_name CHECK(expression) )
;
```

如下示例，设置价格只能为大于 0 的值：

```
CREATE TABLE products (
    product_no integer,
    name text,
    price numeric CONSTRAINT positive_price CHECK (price > 0) )
;
```

检查约束可以引用多个列。例如存储一个普通价格和一个打折后的价格，要保证打折后的价格低于普通价格。

```
CREATE TABLE products (
    product_no integer,
    name text,
    price numeric CHECK (price > 0),
    discounted_price numeric CHECK (discounted_price > 0),
```

```
CHECK (price > discounted_price) )
;
```

约束不依附在特定的列，独立于列定义，作为一个独立的项出现在逗号分隔的列表中，这种约束称为表约束。列约束可以写成表约束，但反过来不行。表约束同样可以指定约束名称。

表约束创建语法如下：

```
CREATE TABLE table_name(
col_name1 data_type,
col_name2 data_type,
col_name3 data_type,
CONSTRAINT check_name CHECK(expression) )
;
```

将前两个列约束改写为表约束如下：

```
CREATE TABLE products (
    product_no integer,
    name text,
    price numeric,
    CHECK (price > 0),
    discounted_price numeric,
    CHECK (discounted_price > 0),
    CHECK (price > discounted_price) )
;
```

或

```
CREATE TABLE products (
    product_no integer,
    name text,
    price numeric CHECK (price > 0),
    discounted_price numeric,
     CONSTRAINT valid_discount CHECK (discounted_price > 0 AND price > discounted_
price) )
;
```

6.1.4.2 非空约束

非空约束的作用是用来保证列中不会有空值。非空约束等价于创建一个检查约束

CHECK(column_name IS NOT NULL)，创建显式的非空约束更高效，缺点是无法给它一个显示的名称。

创建非空约束的语法如下：

```
CREATE TABLE table_name(
col_name1 data_type NOT NULL,
col_name2 data_type,
col_name3 data_type )
;
```

示例如下，在列上设置非空约束：

```
CREATE TABLE products (
    product_no integer NOT NULL,
    name text NOT NULL,
    price numeric NOT NULL CHECK (price > 0) )
;
```

6.1.4.3 唯一约束

唯一约束在保证在一列或一组列中的数据在表中所有行间是唯一的，唯一约束是可以指定约束名称。创建一列唯一约束的语法如下：

```
CREATE TABLE table_name(
col_name1 data_type [CONSTRAINT unique_name] UNIQUE,
col_name2 data_type,
col_name3 data_type )
;
或
CREATE TABLE table_name(
col_name1 data_type,
col_name2 data_type,
col_name3 data_type,
[CONSTRAINT unique_name] UNIQUE (col_name1) )
;
```

创建一组列的唯一约束，需要写成表级约束，列名用逗号分隔，语法如下：

```
CREATE TABLE table_name(
col_name1 data_type,
col_name2 data_type,
```

```
col_name3 data_type,
[CONSTRAINT unique_name] UNIQUE (col_name1, col_name2) )
;
```

上述语句指定的这些列的组合值在整个表的范围内是唯一的，其中任意一列的值不需要是唯一的。

增加一个唯一约束在约束中列出的列或列组上自动创建一个唯一 B-Tree 索引。如果表中有超过一行在约束所包括列上的值相同，将会违反唯一约束。两个空值被认为是不同的，这个表示即便存在一个唯一约束，也可以存储多个空值。

6.1.4.4 主键

主键约束表示可以用作表中行的唯一标识符的一个列或一组列，这些值是唯一的并且非空。通常情况，表创建的时候会指定表的主键，如果表的主键只是由一个字段组成，可以直接在字段后面加上"PRIMARY KEY"关键字来指定。主键创建语法如下：

```
CREATE TABLE table_name(
col_name1 data_type PRIMARY KEY,
col_name2 data_type,
col_name3 data_type )
;
```

如果主键由两个及以上的字段组成（复合主键）时，需要使用约束子句的语法，指定复合主键的约束子句语法如下：

```
CREATE TABLE table_name(
col_name1 data_type,
col_name2 data_type,
col_name3 data_type
,CONSTRAINT constraint_name PRIMARY KEY(col_name1,col_name2,…) );
```

增加一个主键将自动在主键中列出的列或列组上创建一个唯一 B-tree 索引，并且强制标记这些列为 NOT NULL。一个表最多只能有一个主键。

6.1.4.5 外键

外键约束指定一列或一组列中的值必须匹配出现在另一个表中某些行的值，用于维持两个关联表之间的引用完整性。

例如有个存储产品的表，产品编号为主键：

```
CREATE TABLE products (
    product_no integer PRIMARY KEY,
    name text,
```

```
      price numeric )
    ;
```

假设还有存储产品订单的表，并且希望保证订单表中只包含真正存在的产品的订单，因此在订单表中定义一个引用产品表的外键约束。

```
CREATE TABLE orders (
    order_id integer PRIMARY KEY,
    product_no integer REFERENCES products (product_no),
    quantity integer )
;
```

这种情况下，就不能创建包含不存在于产品表中的 product_no 值的订单。此时，订单表是引用表，产品表是被引用表。

上述命令可以简写为如下形式：

```
CREATE TABLE orders (
    order_id integer PRIMARY KEY,
    product_no integer REFERENCES products,
    quantity integer )
;
```

如果不指定被引用表的列，则会使用被引用表的主键作为引用列。一个外键也可以约束和引用一组列。示例如下：

```
CREATE TABLE table_name(
col_name1 data_type,
col_name2 data_type,
col_name3 data_type,
FOREIGN KEY (col_name2,col_name3) REFERENCES other_table (col_name2, col_name3) )
;
```

一个表可以有一个以上的外键约束，用于实现表之间的多对多关系。例如有关于产品和订单的表，但现在希望一个订单能包含多种产品，示例如下：

```
CREATE TABLE products (
    product_no integer PRIMARY KEY,
    name text,
    price numeric )
;
```

```
CREATE TABLE orders (

    order_id integer PRIMARY KEY,

    shipping_address text,

    ... )

;


CREATE TABLE order_items (

    product_no integer REFERENCES products,

    order_id integer REFERENCES orders,

    quantity integer,

    PRIMARY KEY (product_no, order_id) )

;
```

外键可以限制数据的写入，也可以限制删除或设置级联删除。如下所示：

```
CREATE TABLE products (

    product_no integer PRIMARY KEY,

    name text,

    price numeric )

;


CREATE TABLE orders (

    order_id integer PRIMARY KEY,

    shipping_address text,

    ...

);


CREATE TABLE order_items (

    product_no integer REFERENCES products ON DELETE RESTRICT,

    order_id integer REFERENCES orders ON DELETE CASCADE,

    quantity integer,

    PRIMARY KEY (product_no, order_id) )

;
```

限制删除或级联删除是两种最常见的选项，RESTRICT 组织删除一个被引用的行。NO ACTION 表示在约束被检查时如果有任何引用行存在，则抛出错误，这是默认操作。CASCADE 指定当引用行被删除后，引用它的行也会被自动删除。还有其他两种选项：SET NULL 和 SET DEFAULT，这些将导致在被引用行删除后，引用行中的引用列被置为空值或它们的默认值。与 ON DELETE 相似，ON UPDATE 可以在一个被引用列更新时，引用列的更新值复制到引用行中。

外键所引用的列必须是主键或有唯一约束，外键约束不会自动在引用列上创建索引。

6.1.4.6 排他约束

排他约束保证如果将任何两行指定列或表达式使用指定操作符进行比较，至少其中一个操作符比较将会返回否或空值。语法如下：

```
CREATE TABLE table_name(
col_name1 data_type,
col_name2 data_type,
col_name3 data_type,
EXCLUDE USING gist (col_name3 WITH &&) )
;
```

增加排他约束将在约束声明所指定的列上自动创建索引。

6.1.5 修改表

6.1.5.1 增加列

表中增加一列，可以使用如下命令：

```
ALTER TABLE products ADD COLUMN description text;
```

新列使用默认值填充，如果没有指定默认值，则填充空值。增加新列时，可以同时为列定义约束，如下：

```
ALTER TABLE products ADD COLUMN description text CHECK (description <> '');
```

6.1.5.2 移除列

表中移除一列，可以使用如下命令：

```
ALTER TABLE products DROP COLUMN description;
```

列中的数据会随列的移除被删除，该列上的约束也会被移除。如果该列被另一个表的外键引用，该列无法移除，如果确定要移除，需要使用 CASCADE 移除依赖于被删除列的所有对象。如下：

```
ALTER TABLE products DROP COLUMN description CASCADE;
```

6.1.5.3 增加约束

表中增加一个约束，可以使用如下命令：

ALTER TABLE products ADD CHECK (name <> ");

ALTER TABLE products ADD CONSTRAINT some_name UNIQUE (product_no);

ALTER TABLE products ADD FOREIGN KEY (product_group_id) REFERENCES product_groups;

要增加一个不能写成表约束的非空约束，可以使用如下命令：

ALTER TABLE products ALTER COLUMN product_no SET NOT NULL;

该约束会立即被检查，所以表中的数据必须在约束增加之前就已符合约束，否则约束将添加失败。

6.1.5.4 移除约束

表中移除一个约束，可以使用如下命令：

ALTER TABLE products DROP CONSTRAINT some_name;

和移除列相似，如果需要移除的约束被其他对象依赖，需要使用关键词 CASCADE，例如外键约束依赖于被引用列上的唯一约束或主键约束。

移除非空约束可以使用如下示例：

ALTER TABLE products ALTER COLUMN product_no DROP NOT NULL;

6.1.5.5 更改列的默认值

要更改列的默认值，使用如下命令：

ALTER TABLE products ALTER COLUMN price SET DEFAULT 7.77;

这不会影响任何表中已经存在的行，只是改变了未来要执行的 INSERT 语句。要移除默认值，使用如下命令：

ALTER TABLE products ALTER COLUMN price DROP DEFAULT;

上面语句相当于将默认值设置为空值。

6.1.5.6 修改列的数据类型

要更改列的数据类型，使用如下命令：

ALTER TABLE products ALTER COLUMN price TYPE numeric(10,2);

只有列中每项都能通过隐式转换为新的类型时，操作才能成功。如果需要更复杂的转换，需要使用 USING 子句指定如何把旧值转换为新值。修改类型之前，最好先删除该列上的所有约束，修改完类型后重新加上相应修改过的约束。

6.1.5.7 重命名列

如果要重命名列，使用如下命令：

ALTER TABLE products RENAME COLUMN product_no TO product_number;

6.1.5.8 重命名表

如果要重命名表，使用如下命令：

```
ALTER TABLE products RENAME TO items;
```

6.1.6 表分区

表分区是指将逻辑上的一个大表分成小的物理上的片。HGDB 中对下面的分区形式提供了内建支持：

●范围分区（RANGE）：表根据一个关键列或一组列划分为"范围"，不同的分区范围之间没有重叠。例如根据日期或地区范围分区，或根据特定业务对象的标识符划分。

●列表分区（LIST）：通过显示列出每个分区中出现的键值划分表。

●哈希分区（HASH）：通过为每个分区执行模数和余数来对表进行分区。每个分区所持有的行都满足分区键的值除以为其执行的模数产生为其制定的余数。

HGDB 提供了内建的分区表创建管理方法。所有插入分区表的数据将被基于分区键的值路由到分区中，每个分区都有一个由其分区边界定义的数据子集。

分区表的创建语法如下：

```
CREATE TABLE orders (
    order_id integer,
    shipping_address text,
    logdate date not null
 PARTITION BY RANGE(logdate);
```

上面语句中"PARTITION BY RANGE(logdate)"指定了使用 logdate 作为范围分区的分区键。上面语句执行后，因为还没有创建分区表的分区，不能插入数据，需要创建分区表的分区后才能写入数据，示例如下：

```
CREATE TABLE orders_2021_01 PARTITION OF orders
    FOR VALUES FROM ('2021-01-01') TO ('2021-01-31');
CREATE TABLE orders_2021_02 PARTITION OF orders
    FOR VALUES FROM ('2021-02-01') TO ('2021-02-28');
……
CREATE TABLE orders_2021_12 PARTITION OF orders
    FOR VALUES FROM ('2021-12-01') TO ('2021-12-31');
```

从上面的语句中可以知道，给分区表加分区的语法就是在 CREATE TABLE 语法上加上 PARTITION OF 关键词，PARTITION OF 后面指定分区表的名称，以指定当前分区是哪个分区表的分区，最后的语法"FOR VALUES FROM (XXX) TO (XXX)"标明分区的范围。

6.1.6.1 分区维护

在通常情况下的分区表可能会周期性地增加新分区，或移除旧分区的数据。移除旧数据最简单的选择是删除掉不再需要的分区：

DROP TABLE orders_2021_01;

上面的命令需要在父表上拿到 ACCESS EXCLUSIVE 锁。

另一种形式是把分区从分区表中移除，保留作为一个独立的表：

ALTER TABLE orders DETACH PARTITION orders_2020_01;

将普通表添加到分区表中：

CREATE TABLE orders_2022_01 (

　　order_id integer,

　　shipping_address text,

　　logdate date not null)

;

ALTER TABLE orders_2022_01 ADD CONSTRAINT y2022m01 CHECK(logdate >= DATE '2022–01–01' and logdate < DATE '2022–01–31');

ALTER TABLE orders ATTACH PARTITION orders_2022_01 FOR VALUES FROM ('2022–12–01') TO ('2022–12–31');

ATTACH PARTITION 命令可以将一个普通表挂接到分区表上，如果普通表中存有数据，可以考虑使用上述方法，在普通表上创建约束，这样，挂载普通表时，系统能够跳过扫描来验证隐式分区约束。如果没有约束，将扫描表以验证分区约束，同时对该分区持有 ACCESS EXCLUSIVE 锁定，并在父表上持有 SHARE UPDATE EXCLUSIVE 锁。完成 ATTACH PARTITION 后，需要删除创建的约束。

分区表上可以创建索引，并自动将其应用于整个层次结构。不仅现有分区将自动添加索引，而且将来创建的任何分区都将自动添加索引。创建这样的索引时，不能同时使用 CONCURRENTLY 限定符。为了克服长时间锁，可以对分区表使用 CREATE INDEX ON ONLY。这样的索引被标记为无效，并且分区不会自动应用该索引。分区上的索引可以使用 CONCURRENTLY 分别创建，然后使用 ALTER INDEX .. ATTACH PARTITION attached 到父索引。一旦所有分区的索引附加到父索引，父索引将自动标记为有效。例如：

CREATE INDEX orders_idx ON ONLY orders(logdate);

CREATE INDEX orders_2021_01_idx

　　ON orders_2021_01(logdate);

ALTER INDEX orders_idx

```
    ATTACH PARTITION orders_2021_01_idx;
```

该技术也可以与 UNIQUE 和 PRIMARY KEY 约束一起使用，例如：

```
ALTER TABLE ONLY orders ADD UNIQUE (order_id, logdate);

ALTER TABLE orders_2021_01 ADD UNIQUE (order_id, logdate);

ALTER INDEX orders_id_logdate_key ATTACH PARTITION orders_2021_01_city_id_
logdate_key;
```

6.1.6.2 限制

分区表有下列限制：

● 无法创建全局的排它约束。只能对每个分区单独设置这样的约束。

● 分区表上的唯一约束（以及主键）必须包括所有分区键列。

● before row 触发器必须在每个分区上定义，而不是在分区表上。

不允许在同一个分区中混合使用临时表和持久表（普通表）。如果分区表是持久表，则它的分区也必须是持久的。如果分区表是临时表，则它的所有分区必须来自同一个会话。即分区也必须是临时的。

6.2 视图

6.2.1 什么是视图

视图是由查询语句定义的虚拟表。对用户来说，视图就如同一张表，视图中的数据可能来自数据库中的一张或多张表，也可能来自数据库外部，主要取决于视图的查询语句是如何定义的。

6.2.2 为什么使用视图

使复杂的查询易于理解和使用。

视图可以封装表的结构细节和隐藏一些数据，保证数据的安全。

可以把一些函数的返回结果映射为视图。

6.2.3 创建视图

创建视图的语法如下：

```
CREATE [ OR REPLACE ] [ TEMP | TEMPORARY ] VIEW name [ ( column_name [, ...] )]
AS query
```

视图几乎可以用在任何可以使用表的地方。在其他视图基础上也可以创建视图。

6.2.4 删除视图

删除视图，使用 DROP VIEW 命令，要删除视图，必须是视图的所有者。删除语法如下：

DROP VIEW [IF EXISTS] view_name [, ...] [CASCADE | RESTRICT]

CASCADE，自动删除依赖于该视图的对象。

6.3 索引

索引常用于提高数据库查询速度，使用索引可以让数据库服务器更快找到并获取特定行，同时索引也会增加数据库系统的日常管理负担。

索引的创建语法如下：

CREATE [UNIQUE] INDEX index_name ON table_name [USING method] (col_name);

method 指定要使用的索引方法，包括：B-tree、Hash、GiST、SP-GiST、GIN、BRIN。

6.3.1 索引类型

HGDB 中提供了多种索引类型：B-tree、Hash、GiST、SP-GiST、GIN、BRIN。每种索引类型都使用了不同的算法适应不同类型的查询。默认情况下，CREATE INDEX 默认创建 B-tree 索引。

6.3.1.1 B-tree 索引

B-tree 索引使用 B-tree 数据结构来存储索引数据，可用于处理等值查询和范围查询，包括＜、＜＝、＝、＞＝、＞等运算符，以及 BETWEEN、IN、IS NULL、ISNOT NULL 等条件。B-tree 索引可用于模式匹配查询，如"col LIKE'foo%'"或"col ~ '^foo'"，但是不能用于"col LIKE'%bar'"之类的后缀模糊匹配查询。B-tree 索引还可以用于查询结果集排序，如 ORDER BY 排序。

6.3.1.2 Hash 索引

Hash 索引存储的是被索引字段值的哈希值，因此只支持等值查询。Hash 索引特别适合字段值非常长，并且需要等值搜索的场景。

6.3.1.3 GiST 索引

GiST 索引并不是一种单独的索引，而是可以用于实现很多不同索引策略的基础设施。相应地，使用一个 GiST 索引的特定操作符根据索引策略（操作符类）而变化。不同的类型，支持的索引检索也各不一样，常见使用类型如下：

●几何类型，支持位置搜索（包含、相交、在上下左右等），按距离排序。

●范围类型，支持位置搜索（包含、相交、在左右等）。

● IP 类型，支持位置搜索（包含、相交、在左右等）。

● 空间类型,支持位置搜索(包含、相交、在上下左右等),按距离排序。

● 标量类型,支持按距离排序。

6.3.1.4 SP–GiST 索引

SP–GiST 与 GiST 类似,都是通用搜索树,提供了一个框架用来创建不同的索引类型。SP 表示 Space Partitioning(空间分割)。SP–GiST 的方法就是把值域划分为互不相交的子域,并且这些子域可以继续被分割,更好地支持非平衡数据结构,四叉树(quad–trees)、K–D tree、基数树(radix trees)等。

6.3.1.5 GIN 索引

GIN 是 Generalized Inverted Index 的缩写,即倒排索引。GIN 操作的数据类型的值是由多个元素组成的复合类型,GIN 对复合类型中的元素建立索引。GIN 可以高效地处理测试指定组成值是否存在的查询。GIN 可以支持多种不同的用户定义的索引策略,并且可以与一个 GIN 索引配合使用的特定操作符取决于索引策略。

6.3.1.6 BRIN 索引

BRIN(Block Range Index)索引用于快速排除不满足查询条件的行,而不是快速找到匹配的行。BRIN 索引中不记录基表中的 TID,记录了其中的元数据(最大值、最小值、平均值、COUNT、AVG、NULL 值个数等)。因为不存储 TID,因此可以创建一个很小的索引。BRIN 可以支持多种不同的索引策略,并且可以与一个 BRIN 索引配合使用的特定操作符取决于索引策略。对于具有线性排序顺序的数据类型,被索引的数据对应于每个块范围的列中值的最小值和最大值,使用这些操作符来支持用到索引的查询。

6.3.2 多列索引

一个索引可以定义在表的多个列上。例如有这样一个表:

```
CREATE TABLE test2 (
  major int,
  minor int,
  name varchar )
;
```

且经常使用如下形式的查询:

```
SELECT name FROM test2 WHERE major = constant AND minor = constant;
```

此时可以在 major 和 minor 上定义一个索引:

```
CREATE INDEX test2_mm_idx ON test2 (major, minor);
```

目前,只有 B–tree、GiST、GIN 和 BRIN 索引类型支持多列索引,最多可以指定 32 个列。

B–tree 索引可以用于条件中涉及任意索引列子集的查询,但当先导列(最左边列)上有约束条件时，索引最有效。

多列 GiST 索引可以用于条件中涉及任意索引列子集的查询。其余列上的条件将限制由索引返回的项，但第一列上的条件是决定索引上扫描量的最重要因素。当第一列中具有很少的可分区值，一个 GiST 索引将会相对比较低效，即便在其他列上有很多可分区值。

GIN 索引可以用于条件中涉及任意索引列子集的查询。与 B-tree 和 GiST 不同，GIN 的搜索效率与查询条件中使用哪些索引列无关。

多列 BRIN 索引可以用于条件中涉及该索引列的任意子集的查询条件。和 GIN 相似且不同于 B-tree 或 GiST，索引搜索效率与查询条件使用哪个索引无关。

6.3.3 唯一索引

索引可以被用来强制列值的唯一性，或者是多个列组合值的唯一性。只有 B-tree 能够被声明为唯一。

当索引被声明为唯一时，索引中不允许多个表行具有相同的索引值。多个空值视为不相同。HGDB 会自动为定义了唯一约束或主键的表创建一个唯一索引，该索引包含组成主键或唯一约束的所有列。

6.3.4 删除索引

删除索引，使用 DROP INDEX，需要使用索引的所有者执行删除命令。语法如下：

```
DROP INDEX [ CONCURRENTLY ] [ IF EXISTS ] index_name [, ...] [ CASCADE | RESTRICT ]
```

CONCURRENTLY，指定删除索引且不阻塞在索引基表上的并发选择、插入、更新和删除操作。

CASCADE，自动删除依赖于该索引的对象，然后删除所有依赖于那些对象的对象。

6.4 序列

在 HGDB 中，序列本质上是一个自增器。在表中需要非随机且唯一标识符的场景下，序列非常有用。序列对象中包含当前值，和一些独特属性，例如递增递减。序列不能直接访问，需要通过相关函数进行操作。

序列创建语法如下：

```
CREATE SEQUENCE sequencename
    [ INCREMENT increment ]
    [ MINVALUE minvalue ]
```

> [MAXVALUE maxvalue]
>
> [START start]
>
> [CACHE cache]
>
> [CYCLE]

序列使用的是整型数值，取值范围是 [–2147483647, 2147483647] 之间。

INCREMENT 指定序列自增数，默认是 1；MINVALUE/MAXVALUE 指定序列的最小值 / 最大值；START 设置起始值；CACHE 指定是否缓存，默认值 1；CYCLE 指定序列到达最大值时，是否回到最小值重新开始。

序列操作函数

currval(regclass)：返回最近一次用 nextval 获取的指定序列的值。

lastval()：返回最近一次用 nextval 获取的任何序列的值。

nextval(regclass)：递增序列并返回新的值。

setval(regclass,bigint)：设置序列的当前值。

setval(regclass,bigint,boolean)：设置列的当前值及 is_called 标志。

regclass 参数是序列在 pg_class 系统表里的 OID，regclass 数据类型的输入转换器会自动将序列名称转换为 OID，只要写出单引号引起的序列名称即可。

6.4.1 删除序列

使用 DROP SEQUENCE 命令删除序列，只能使用拥有者或超级用户删除序列。语法如下：

DROP SEQUENCE [IF EXISTS] name [, ...] [CASCADE | RESTRICT]

CASCADE，自动删除依赖于该序列的对象。

6.5 触发器

HGDB 触发器是一组动作或数据库回调函数，它们在指定的表上执行指定的数据库事件（INSERT、UPDATE、DELETE 或 TRUNCATE 语句）时自动运行。触发器用于验证输入数据，执行业务规则，保持审计跟踪等。

触发器创建语法如下：

CREATE TRIGGER trigger_name [BEFORE|AFTER|INSTEAD OF] event_name

ON table_name

[

-- 触发器内容

```
];
```

在这里，event_name 可以是 INSERT，UPDATE，DELETE 和 TRUNCATE 数据库操作上提到的表 table_name。您可以选择在表名后指定 FOR EACH ROW。

如下示例，对每个记录插入 products 表中进行审计。

```
CREATE TABLE products (
    product_no integer,
    name text,
    price numeric CHECK (price > 0),
    discounted_price numeric,
    CONSTRAINT valid_discount CHECK (discounted_price > 0 AND price > discounted_
price) )
;
```

为保存审计信息，需要创建一个 AUDIT 的表，只要 products 表中有新记录，就会插入日志消息。建表语句如下：

```
CREATE TABLE AUDIT(
    product_no INT NOT NULL,
    input_time TEXT NOT NULL  )
;
```

创建触发器前，首先创建审计函数 auditlog 函数，执行以下语句创建函数。

```
CREATE OR REPLACE FUNCTION auditlog() RETURNS TRIGGER AS $example_table$
    BEGIN
        INSERT INTO AUDIT(product_no,input_time) VALUES (new.ID, current_timestamp);
        RETURN NEW;
    END;
$example_table$ LANGUAGE plpgsql;
```

向表 products 中插入新行时，对应的 AUDIT 表中也会插入新数据，记录 products 表中数据插入的商品编号及时间。

6.5.1 删除触发器

使用命令 DROP TRIGGER 删除触发器，要删除触发器，当前用户必须是触发器基表的拥有者。语法如下：

```
DROP TRIGGER [ IF EXISTS ] name ON table_name [ CASCADE | RESTRICT ]
```

CASCADE，自动删除依赖于该触发器的对象。

第 7 章
数据类型

HGDB 有丰富的本地数据类型可用，用户也可以使用 CREATE TYPE 命令增加新的数据类型。下面表中列出了 HGDB 中的所有的内建数据类型。

名称	别名	描述
bigint	int8	有符号的 8 字节整数
bigserial	serial8	自动增长的 8 字节整数
bit [(n)]		定长位串
bit varying [(n)]	varbit [(n)]	变长位串
boolean	bool	逻辑布尔值（真 / 假）
box		平面上的普通方框
bytea		二进制数据（"字节数组"）
character [(n)]	char [(n)]	定长字符串
character varying [(n)]	varchar [(n)]	变长字符串
cidr		IPv4 或 IPv6 网络地址
circle		平面上的圆
date		日历日期（年、月、日）
double precision	float8	双精度浮点数（8 字节）
inet		IPv4 或 IPv6 主机地址
integer	int, int4	有符号 4 字节整数
interval [fields] [(p)]		时间段
json		文本 JSON 数据
jsonb		二进制 JSON 数据，已分解
line		平面上的无限长的线

lseg		平面上的线段
macaddr		MAC（Media Access Control）地址
macaddr8		MAC（Media Access Control）地址（EUI-64格式）
money		货币数量
numeric [(p, s)]	decimal [(p, s)]	可选择精度的精确数字
path		平面上的几何路径
pg_lsn		HGDB 日志序列号
point		平面上的几何点
polygon		平面上的封闭几何路径
real	float4	单精度浮点数（4 字节）
smallint	int2	有符号 2 字节整数
smallserial	serial2	自动增长的 2 字节整数
serial	serial4	自动增长的 4 字节整数
text		变长字符串
time [(p)] [without time zone]		一天中的时间（无时区）
time [(p)] with time zone	timetz	一天中的时间，包括时区
timestamp [(p)] [without time zone]		日期和时间（无时区）
timestamp [(p)] with time zone	timestamptz	日期和时间，包括时区
tsquery		文本搜索查询
tsvector		文本搜索文档
txid_snapshot		用户级别事务 ID 快照
uuid		通用唯一标识码
xml		XML 数据

7.1 数字类型

数字类型由 2、4、8 个字节的整数及 4 或 8 字节的浮点数和可选精度小数组成。下表中列出了所有的数字类型列表。

名称	存储尺寸	描述	范围
smallint	2 字节	小范围整数	−32768 to +32767

续表

integer	4 字节	整数的典型选择	−2147483648 to +2147483647
bigint	8 字节	大范围整数	−9 2 2 3 3 7 2 0 3 6 8 5 4 7 7 5 8 0 8 to+9223372036854775807
decimal	可变	用户指定精度，精确	最高小数点前 131072 位，以及小数点后 16383 位
numeric	可变	用户指定精度，精确	最高小数点前 131072 位，以及小数点后 16383 位
real	4 字节	可变精度，不精确	6 位十进制精度
double precision	8 字节	可变精度，不精确	15 位十进制精度
smallserial	2 字节	自动增加的小整数	1 到 32767
serial	4 字节	自动增加的整数	1 到 2147483647
bigserial	8 字节	自动增长的大整数	1 到 9223372036854775807 0

7.1.1 整数类型

类型 smallint、integer 和 bigint 用于存储整数数字，不能存储浮点数。常用的数字类型是 integer，具有在范围、存储空间和性能之间的最佳平衡的特性。一般情况下，只有在磁盘空间比较紧张的时候使用 smallint 类型，在 integer 的范围不够的时候才使用 bigint。int2、int4 和 int8 都是扩展类型。

7.1.2 任意精度数字

类型 numeric 可以存储多位数字，该类型通常用于货币金额和其他要求计算准确的数量的场景中。numeric 类型的算术运算要比整数类型或浮点数类型慢很多。

numeric 类型中使用 precision（精度）表示整个数中有效位的总数，也就是小数点两边所有的位数，scale（刻度）表示小数部分的数字位数。精度必须为整数，刻度可以为零或者整数。

要声明类型为 numeric 的列，可以使用如下语法：

```
NUMERIC(precision,scale)
```

使用 numeric 类型时，如果不指定精度或刻度，则该列可以存储任何精度和刻度的数字，并且值的范围最多可以到 numeric 实现精度的上限。如果要存储的值的刻度比声明的比例高，数据库将对小数部分进行四舍五入到指定的分数位数。如果整数部分超过了声明的精度减去声明的刻度，将会报错。

除了普通的数字之外，numeric 类型允许特殊值 NaN，表示"不是一个数字"。任何在 NaN 上的操作都生成另一个 NaN。如果在 SQL 命令里把这些值当作一个常量，必须加上单引号。例如：UPDATE table SET x='NaN'.

7.1.3 浮点类型

数据类型 real 和 double precision 是不精确的、变精度的数字类型，这两个类型是 IEEE 标准 754 二进制浮点算数（分别对应单精度和双精度）的实现。不准确意味着一些值不能准确地转换成内部格式并且是以近似的形式存储的，因此存储和检索一个值可能出现一些缺失。

real 类型的范围是 1E-37~1E+37，精度至少是 6 位小数。double precision 类型的范围是 1E-307~1E+308，精度至少是 15 位数字。太大或太小的值都会导致错误。如果输入数字的精度太高，可能会发生四舍五入。太接近零的数字，如果不能体现出与零的区别就会导致下溢错误。

默认情况，浮点值以其最短精确的十进制表示的文本形式输出，所产生的十进制值与相同二进制精度的任何其他的值表示相比，更接近于真实存储的二进制值。

除普通的数字值之外，浮点类型还有几个特殊值：Infinity、-Infinity、NaN。这些分别代表特殊值"infinity""negative infinity"及"not-a-number"，在输入时，这些字符串大小写不敏感。

7.1.4 序数类型

smallserial、serial 和 bigserial 类型不是真正的类型，只是为了创建唯一标识符列而存在的方便符号。例如：

```
CREATE TABLE tablename (
    colname SERIAL )
;
```

上面语句等价于以下语句：

```
CREATE SEQUENCE tablename_colname_seq AS integer;
CREATE TABLE tablename (
    colname integer NOT NULL DEFAULT nextval('tablename_colname_seq') )
;
ALTER SEQUENCE tablename_colname_seq OWNED BY tablename.colname;
```

上面语句创建了一个整数列并且把它的缺省值安排为从一个序列发生器取值。应用了一个 NOT NULL 约束以确保不会插入空值。

要使用 serial 列插入序列的下一个数值到表中，请指定 serial 列应该被赋予其缺省值。可以通过在 insert 语句中把该列排除在列表之外来实现，也可以通过使用 DEFAULT 关键字来实现。

类型 serial 和 serial4 不是真正的类型，是为方便生成唯一标识符而创建的符号，本质上都是 integer 类型。类型 bigserial 和 serial8 也不是真正的类型，本质上是 bigint 类型。如果表的生存期中使用的标识符数目超过 231 个，应该使用 bigserial。为一个 serial 列创建的序列在所属的列被删除的时候会自动删除。如果只删除序列，会强制删除依赖该序列的默认值表达式。

7.2 货币类型

money 类型存储固定小数精度的货币数字，小数的精度由数据库的 lc_monetary 设置决定，如下表所示：

名称	存储尺寸	描述	范围
money	8 bytes	货币额	−92233720368547758.08 到 +92233720368547758.07

货币类型的输出是区域敏感的，因此将 money 数据导入到一个 lc_monetary 设置不同的数据库中是不起作用的。为避免这种问题，再恢复时，应确保新数据库的 lc_monetary 设置和被转储数据库相同或具有等效值。

数据类型 numeric、int、bigint 的值可以直接转换为 money 类型，但 real、double precision 的转换可以先转换为 numeric，再转换为 money 类型。

money 类型可以在不损失精度的情况下被转换为 numeric，转换为其他类型可能会丢失精度。

7.3 字符类型

HGDB 中字符类型如下表：

名称	描述
character varying(n), varchar(n)	有限制地变长
character(n), char(n)	定长，空格填充
text	无限变长

character varying(n) 和 character(n) 是两种基本的字符类型，其中 n 是正整数，两种类型都可以存储最多 n 个字符（n 最大为 10485760）。另外 HGDB 中提供了 text 类型，可用存储任意长度的字符串。

类型 character 在字符串长度达不到指定长度 n 时，会采用空白填充。不过，填充的空白没有意义，对 character 类型值进行比较时也会忽略。

varchar(n) 和 char(n) 分别是 character varying(n) 和 character(n) 的别名。没有声明长度的 character 等价于 character(1)，没有声明长度的 character varying 可以接受任意长度的字符串。

另外 HGDB 中还提供了另外两种系统内部使用的特殊的定长字符类型，如下表：

名称	存储尺寸	描述
"char"	1 字节	单字节内部类型
name	64 字节	用于对象名的内部类型

"char"（带引号）与 char(1) 不同，只用了一个字节的存储空间，在系统内部用于系统目录作为简化的枚举类型使用。name 类型只用于在系统内部目录中存储标识符。

7.4 二进制数据类型

bytea 数据类型允许存储二进制串，见下表：

名称	存储尺寸	描述
bytea	1 或 4 字节外加真正的二进制串	变长二进制串

二进制串是一个八位位组（或字节）的序列，二进制串和字符串的区别有两个：首先，二进制串明确允许存储零字节及其他"不可打印的"字节（通常是位于十进制范围 32 到 126 之外的字节），字符串不允许零字节，且不允许那些对数据库的选定字符集编码是非法的任何其他字节值或字节值序列。其次，二进制适合存储"裸字节"的数据，字符串适合存储文本。

bytea 类型支持两种输入和输出的格式：十六进制格式和转义格式。通过参数 bytea_ouput 设置，分别为 hex 和 escape，默认值为十六进制。

7.4.1 bytea 的十六进制格式

十六进制格式将二进制数据重新编码，每个字节编码为 2 个十六进制位，最高有效位在前。整个串以序列 \x 开头（用以和转义格式区分）。输入时，十六进制位可以是大写也可以是小写，在位对之间可以有空白（但位对内部及开头 \x 中不能有空白），十六进制格式兼容性好，且转换速度比转义格式更快。

7.4.2 bytea 的转义格式

转义格式将二进制串表示成 ASCII 序列，而那些无法用 ASCII 字符表示字节转换成特殊的转义语句。这种格式模糊了二进制串和字符串之间的区别，且这种转义机制难于处理，因此除非特殊要求，不推荐使用这种格式。

要转义一个字节，需要把它转换成三位八进制，并且使用反斜线作为前导。下表中列出了必须被转义的字符及可使用的替代转义示例。

十进制字节值	描述	转义输入表示	例子	十六进制表示
0	0 字节	'\000'	SELECT '\000'::bytea;	\x00
39	单引号	'''' 或 '\047'	SELECT ''''::bytea;	\x27
92	反斜线	'\\' 或 '\134'	SELECT '\\'::bytea;	\x5c
0 到 31 和 127 到 255	"不可打印的"字节	'\xxx'（八进制值）	SELECT '\001'::bytea;	\x01

如果把 bytea_output 改为 escape，"不可打印的"字节会转换成与之对应的三位八进制值并前置反斜线，反斜线输出时被双写。如下表所示：

十进制字节值	描述	转义的输出表示	例子	输出结果
92	反斜线	\\	SELECT '\134'::bytea;	\\
0 到 31 和 127 到 255	"不可打印的"字节	\xxx（八进制值）	SELECT '\001'::bytea;	\001
32 到 126	"可打印的"字节	客户端字符集表示	SELECT '\176'::bytea;	~

7.5 日期／时间类型

HGDB 中支持的日期和时间类型如下表所示，日期根据公历计算。

名称	存储尺寸	描述	最小值	最大值	解析度
timestamp [(p)] [without time zone]	8 字节	包括日期和时间（无时区）	4713 BC	294276 AD	1 微秒
timestamp [(p)] with time zone	8 字节	包括日期和时间，有时区	4713 BC	294276 AD	1 微秒
date	4 字节	日期（没有一天中的时间）	4713 BC	5874897 AD	1 日
time [(p)] [without time zone]	8 字节	一天中的时间（无日期）	00:00:00	24:00:00	1 微秒

| time [(p)] with time zone | 12 字节 | 仅仅是一天中的时间（没有日期），带有时区 | 00:00:00+1459 | 24:00:00-1459 | 1 微秒 |
| interval [fields] [(p)] | 16 字节 | 时间间隔 | −178000000 年 | 178000000 年 | 1 微秒 |

time、timestamp 和 interval 可以设置精度值 p，这个精度值声明在秒的小数点之后保留的位数，设置范围 0~6。如果不设置，将默认取输入值的精度（但不超过 6 位）。

7.5.1 日期 / 时间输入

日期和时间的输入可以接受任何合理的格式，也可以通过设置参数 DateStyle 设置输入及显示的日期格式。日期或时间的输入需要使用单引号引起。下表中列出了日期输入格式的示例。

例子	描述
1999–01–08	ISO 8601; 任何模式下的 1 月 8 日 （推荐格式）
January 8, 1999	在任何 datestyle 输入模式下都无歧义
1/8/1999	MDY 模式中的 1 月 8 日；DMY 模式中的 8 月 1 日
1/18/1999	MDY 模式中的 1 月 18 日；在其他模式中被拒绝
01/02/03	MDY 模式中的 2003 年 1 月 2 日；DMY 模式中的 2003 年 2 月 1 日；YMD 模式中的 2001 年 2 月 3 日
1999–Jan–08	任何模式下的 1 月 8 日
Jan–08–1999	任何模式下的 1 月 8 日
08–Jan–1999	任何模式下的 1 月 8 日
99–Jan–08	YMD 模式中的 1 月 8 日，否则错误
8–Jan–99	1 月 8 日，除了在 YMD 模式中错误
Jan–08–99	1 月 8 日，除了在 YMD 模式中错误
19990108	ISO 8601; 任何模式中的 1999 年 1 月 8 日
990108	ISO 8601; 任何模式中的 1999 年 1 月 8 日
1999.008	年和一年中的日子
J2451187	儒略日期
January 8, 99 BC	公元前 99 年

当日时间类型是 time [(p)] without time zone 和 time [(p)] with time zone。 只写 time 等

价于 time without time zone。这些类型的输入由当日时间后跟时区组成，如果在 time without time zone 的输入中指定了时区，会被忽略。

7.5.2 日期 / 时间输出

日期/时间类型的输出格式有四种风格可选: ISO 8601、SQL(Ingres)、Unix 的 date 格式、German，默认使用 ISO 格式。下表中展示了不同的输出风格。

风格声明	描述	例子
ISO	ISO 8601, SQL 标准	1997-12-17 07:37:16-08
SQL	传统风格	12/17/1997 07:37:16.00 PST
Postgres	原始风格	Wed Dec 17 07:37:16 1997 PST
German	地区风格	17.12.1997 07:37:16.00 PST

7.5.3 interval 输入 / 输出

interval 定义为: interval [fields] [(p)]，其中 fields 可以为以下选项。

YEAR

MONTH

DAY

HOUR

MINUTE

SECOND

YEAR TO MONTH

DAY TO HOUR

DAY TO MINUTE

DAY TO SECOND

HOUR TO MINUTE

HOUR TO SECOND

MINUTE TO SECOND

如果 fields 和 p 都被执行, fields 必须包括 SECOND，因为精度 p 只适用于秒。示例如下:

```
highgo=# drop table b1;
DROP TABLE
highgo=# create table b1(a interval year);
CREATE TABLE
```

```
highgo=# drop table b1;
DROP TABLE
highgo=# create table b1(a interval year (1));
ERROR:  syntax error at or near "("
LINE 1: create table b1(a interval year (1));
                                         ^

highgo=# create table b1(a interval DAY TO SECOND (1));
CREATE TABLE
```

interval 值可以使用下列语法书写：

[@] quantity unit [quantity unit...] [direction]

其中 quantity 是数字（可能是有符号的）；unit 是毫秒、millisecond、second、minute、hour、day、week、month、year、decade、century、millennium 或缩写或这些单位的复数；direction 可以是 age 或空。在数据库内部，interval 值会被存储为 months、days 及 seconds，interval 值输入的示例如下：

例子	描述	数据库中显示
1-2	SQL 标准格式：1 年 2 个月	highgo=# select '1-2'::interval; interval --------------- 1 year 2 mons (1 row)
3 4:05:06	SQL 标准格式：3 日 4 小时 5 分钟 6 秒	highgo=# select '3 4:05:06'::interval; interval --------------- 3 days 04:05:06 (1 row)
1 year 2 months 3 days 4 hours 5 minutes 6 seconds	传统 Postgres 格式：1 年 2 个月 3 日 4 小时 5 分钟 6 秒钟	highgo=# select '1 year 2 months 3 days 4 hours 5 minutes 6 seconds'::interval; interval --------------------- 1 year 2 mons 3 days 04:05:06 (1 row)
P1Y2M3DT4H5M6S	"带标志符的"ISO 8601 格式：含义同上	highgo=# select 'P1Y2M3DT4H5M6S'::interval; interval --------------------- 1 year 2 mons 3 days 04:05:06 (1 row)

续表

P0001-02-03T04:05:06	ISO 8601 的 "替代格式"：含义同上	highgo=# select 'P0001-02-03T04:05:06'::interval; interval ——————————————— 1 year 2 mons 3 days 04:05:06 (1 row)

interval 类型的输出有四种风格：sql_standard、postgres、postgres_verbose 或 iso_8601，可以通过参数 intervalstyle 进行设置，默认为 postgres 格式。如果间隔值符合 SQL 标准的限制（仅年-月或仅日-时间，没有正负值部分的混合），sql_standard 风格为间隔文字串产生符合 SQL 标准规范的输出。iso_8601 风格的输出匹配在 ISO 8601 标准的 "带标志符的格式"。下表中列出了各个输出风格的例子。

风格声明	年-月间隔	日-时间间隔	混合间隔
sql_standard	1-2	3 4:05:06	-1-2 +3 -4:05:06
postgres	1 year 2 mons	3 days 04:05:06	-1 year -2 mons +3 days -04:05:06
postgres_verbose	@ 1 year 2 mons	@ 3 days 4 hours 5 mins 6 secs	@ 1 year 2 mons -3 days 4 hours 5 mins 6 secs ago
iso_8601	P1Y2M	P3DT4H5M6S	P-1Y-2M3DT-4H-5M-6S

7.6 布尔类型

HGDB 提供标准的 SQL 类型 boolean，boolean 可以有三个状态：true（真）、false（假）、unknown（未知），在 HGDB 中，unknown 状态由空值表示，布尔类型如下：

名称	存储字节	描述
boolean	1 字节	状态为真或假

在 SQL 查询中，布尔常量可以表示为 SQL 关键字 TRUE、FALSE、NULL。boolean 类型的数据类型接收 true、yes、on、1 等表示真，false、no、off、0 等表示假。示例如下：

```
highgo=# select true::boolean;
bool
```

```
------
 t
(1 row)

highgo=# select 'yes'::boolean;
 bool
------
 t
(1 row)

highgo=# select 'on'::boolean;
 bool
------
 t
(1 row)

highgo=# select 1::boolean;
 bool
------
 t
(1 row)

highgo=# select false::boolean;
 bool
------
 f
(1 row)

highgo=# select 'no'::boolean;
 bool
------
 f
(1 row)

highgo=# select 'off'::boolean;
 bool
------
 f
```

```
(1 row)

highgo=# select 0::boolean;
 bool
 ------
 f
(1 row)
```

7.7 枚举类型

枚举（enum）类型是由一个静态、值的有序集合构成的数据类型。例如一周内的日期或一个数据的状态值集合都可以使用枚举类型。

7.7.1 枚举类型的声明

枚举类型使用 CREATE TYPE 命令创建，例如：

```
CREATE TYPE mood AS ENUM ('sad', 'ok', 'happy');
```

创建后的枚举类型详情可以通过 pg_enum 查询，例如：

```
highgo=# select * from pg_enum;
  oid   | enumtypid | enumsortorder | enumlabel
--------+-----------+---------------+-----------
 151832 |    151830 |             1 | sad
 151834 |    151830 |             2 | ok
 151836 |    151830 |             3 | happy
(3 rows)
```

枚举类型被创建后，可以像其他类型一样在表和函数定义中使用，示例如下：

```
CREATE TABLE person (
    name text,
    current_mood mood )
;
INSERT INTO person VALUES ('Moe', 'happy');
SELECT * FROM person WHERE current_mood = 'happy';
 name | current_mood
------+--------------
```

Moe ┃happy

(1 row)

枚举类型创建时指定的内容为枚举值的文本标签，例如上面例子中的 'sad' 'ok' 'happy'。

7.7.2 排序

枚举类型值的顺序由创建时列出的值的顺序决定，枚举类型支持所有标准的比较符及相关聚集函数。例如：

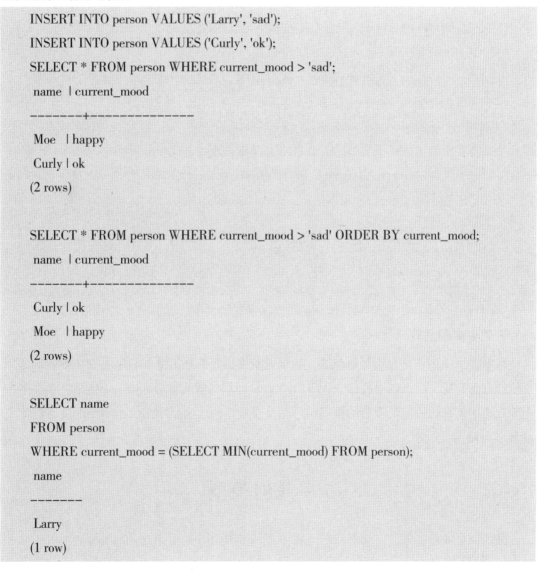

```
INSERT INTO person VALUES ('Larry', 'sad');
INSERT INTO person VALUES ('Curly', 'ok');
SELECT * FROM person WHERE current_mood > 'sad';
 name ┃ current_mood
-------┼----------------
 Moe   ┃ happy
 Curly ┃ ok
(2 rows)


SELECT * FROM person WHERE current_mood > 'sad' ORDER BY current_mood;
 name ┃ current_mood
-------┼----------------
 Curly ┃ ok
 Moe   ┃ happy
(2 rows)


SELECT name
FROM person
WHERE current_mood = (SELECT MIN(current_mood) FROM person);
 name
-------
 Larry
(1 row)
```

7.7.3 类型安全性

每种枚举数据类型都是独立的且不能与其他枚举类型比较，如下所示：

```
CREATE TYPE happiness AS ENUM ('happy', 'very happy', 'ecstatic');
CREATE TABLE holidays (
    num_weeks integer,
    happiness happiness )
;
INSERT INTO holidays(num_weeks,happiness) VALUES (4, 'happy');
INSERT INTO holidays(num_weeks,happiness) VALUES (6, 'very happy');
INSERT INTO holidays(num_weeks,happiness) VALUES (8, 'ecstatic');
INSERT INTO holidays(num_weeks,happiness) VALUES (2, 'sad');
ERROR:  invalid input value for enum happiness: "sad"
SELECT person.name, holidays.num_weeks FROM person, holidays
    WHERE person.current_mood = holidays.happiness;
ERROR:  operator does not exist: mood = happiness
```

如果需要比较不同枚举类型，需要自定义操作符或在查询中显示指定，如下：

```
SELECT person.name, holidays.num_weeks FROM person, holidays
    WHERE person.current_mood::text = holidays.happiness::text;

 name | num_weeks
------+-----------
 Moe  |     4
(1 row)
```

7.7.4 实现细节

枚举类型中的值是大小写敏感的，如果有空格也是有意义的。枚举类型主要目的是用于值的静态合集，但可以通过命令 ALTER TYPE 增加新值或重命名值。不能从枚举类型中去除现有的值，也不能更改值的排列顺序。一个枚举值占 4 个字节，枚举值的文本标签长度最多为 63 字节。

7.8 几何类型

几何类型表示二维的空间形状。下表中展示了 HGDB 中可用的几何类型。

名称	存储尺寸	表示	描述
point	16 字节	平面上的点	(x,y)

续表

line	32 字节	无限长的线	{A,B,C}
lseg	32 字节	有限线段	((x1,y1),(x2,y2))
box	32 字节	矩形框	((x1,y1),(x2,y2))
path	16+16n 字节	封闭路径(类似于多边形)	((x1,y1),...)
path	16+16n 字节	开放路径	[(x1,y1),...]
polygon	40+16n 字节	多边形(类似于封闭路径)	((x1,y1),...)
circle	24 字节	圆	<(x,y),r>(中心点和半径)

在 HGDB 中可以支持对几何类型进行缩放、平移、旋转、计算相交等操作提供了丰富的函数及操作符。

7.8.1 点

点（point 类型）是几何类型的基本二维构造块。point 类型的值的语法如下：

(x,y)

x,y

其中 x 和 y 分别是坐标，都是浮点数。点输出时，使用（x,y）格式。示例如下：

```
highgo=# select point'(1,1)';
 point
───────
 (1,1)
(1 row)


highgo=# select point'1,1';
 point
───────
 (1,1)
(1 row)
```

7.8.2 线

线（line 类型）由线性方程 $Ax + By + C = 0$ 表示，其中 A 和 B 都不为 0，line 类型使用 {A,B,C} 形式输入输出。也可使用如下形式输入：

```
[(x1,y1),(x2,y2)]
((x1,y1),(x2,y2))
```

```
(x1,y1),(x2,y2)
x1,y1,x2,y2
```

其中（x1,y1) 和 (x2,y2) 是线上不同的两点。示例如下：

```
highgo=# select line'{-0.5,-1,0.5}';
      line
_____
 {-0.5,-1,0.5}
(1 row)


highgo=# select line'[(-1,1),(1,0)]';
      line
_____
 {-0.5,-1,0.5}
(1 row)


highgo=# select line'((-1,1),(1,0))';
      line
_____
 {-0.5,-1,0.5}
(1 row)


highgo=# select line'(-1,1),(1,0)';
      line
_____
 {-0.5,-1,0.5}
(1 row)


highgo=# select line'-1,1,1,0';
      line
_____
 {-0.5,-1,0.5}
(1 row)
```

7.8.3 线段

线段（lseg 类型）用一对线段的端点来表示。lseg 类型的值用下面的语法声明：

```
[(x1,y1),(x2,y2)]
((x1,y1),(x2,y2))
(x1,y1),(x2,y2)
x1,y1,x2,y2
```

其中（x1,y1）和（x2,y2）是线段的端点，线段类型输出时，显示为第一种形式。示例如下：

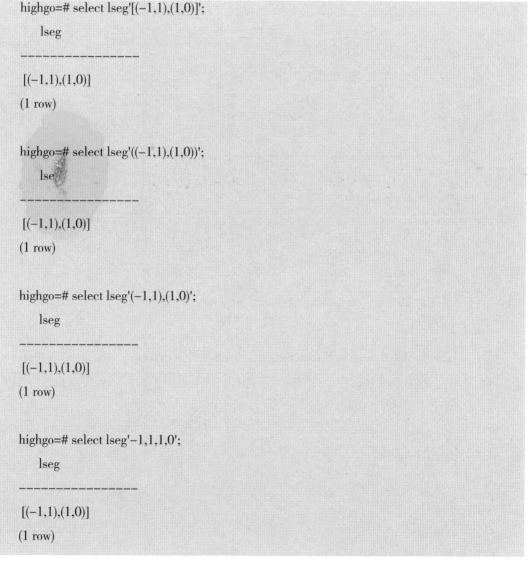

```
highgo=# select lseg'[(-1,1),(1,0)]';
     lseg
_____
 [(-1,1),(1,0)]
(1 row)


highgo=# select lseg'((-1,1),(1,0))';
     lse
_____
 [(-1,1),(1,0)]
(1 row)


highgo=# select lseg'(-1,1),(1,0)';
     lseg
_____
 [(-1,1),(1,0)]
(1 row)


highgo=# select lseg'-1,1,1,0';
     lseg
_____
 [(-1,1),(1,0)]
(1 row)
```

7.8.4 矩形

矩形（box 类型）用对角的点对表示，box 类型的值使用下面的语法指定：

```
((x1,y1),(x2,y2))

(x1,y1),(x2,y2)

x1,y1,x2,y2
```

其中（x1,y1）和 (x2,y2）是矩形的对角点。矩形使用第二种语法形式输出。示例如下：

```
highgo=# select box'((-1,1),(1,0))';
    box
---------------
 (1,1),(-1,0)
(1 row)


highgo=# select box'(-1,1),(1,0)';
    box
---------------
 (1,1),(-1,0)
(1 row)


highgo=# select box'-1,1,1,0';
    box
---------------
 (1,1),(-1,0)
(1 row)
```

7.8.5 路径

路径（path 类型）由一系列连接的点组成，路径可能是开放的，也就是列表中第一个点和最后一个点没有被连接起来。也可能是封闭的，这时第一个和最后一个点被连接起来。path 类型的值用下面的语法声明：

```
[(x1,y1),...,(xn,yn)]

((x1,y1),...,(xn,yn))

(x1,y1),...,(xn,yn)

(x1,y1,...,xn,yn)

x1,y1,...,xn,yn
```

path 类型的输出使用第一种或第二种语法。示例如下：

```
highgo=# select path'[(-1,1),(2,3),(4,5),(6,7),(-1,1)]';
```

```
               path
---------------------------------
 [(−1,1),(2,3),(4,5),(6,7),(−1,1)]
(1 row)


highgo=# select path'((−1,1),(2,3),(4,5),(6,7),(−1,1))';
               path
---------------------------------
 ((−1,1),(2,3),(4,5),(6,7),(−1,1))
(1 row)


highgo=# select path'(−1,1),(2,3),(4,5),(6,7),(−1,1)';
               path
---------------------------------
 ((−1,1),(2,3),(4,5),(6,7),(−1,1))
(1 row)


highgo=# select path'(−1,1,2,3,4,5,6,7,−1,1)';
               path
---------------------------------
 ((−1,1),(2,3),(4,5),(6,7),(−1,1))
(1 row)


highgo=# select path'−1,1,2,3,4,5,6,7,−1,1';
               path
---------------------------------
 ((−1,1),(2,3),(4,5),(6,7),(−1,1))
(1 row)
```

7.8.6 多边形

多边形（polygon 类型）由一系列点代表（多边形的顶点）。多边形和封闭路径很像，但存储方式不一样。polygon 类型的值用下面的语法声明：

```
((x1,y1),...,(xn,yn))
(x1,y1),...,(xn,yn)
```

```
(x1,y1,...,xn,yn)

x1,y1,...,xn,yn
```

其中的点是组成多边形边界的线段的端点，多边形的输出使用第一种语法。示例如下：

```
highgo=# select polygon'((−1,1),(2,3),(4,5),(6,7),(−1,1))';
            polygon
_____
 ((−1,1),(2,3),(4,5),(6,7),(−1,1))
(1 row)


highgo=# select polygon'(−1,1),(2,3),(4,5),(6,7),(−1,1)';
            polygon
_____
 ((−1,1),(2,3),(4,5),(6,7),(−1,1))
(1 row)


highgo=# select polygon'(−1,1,2,3,4,5,6,7,−1,1)';
            polygon
_____
 ((−1,1),(2,3),(4,5),(6,7),(−1,1))
(1 row)


highgo=# select polygon'−1,1,2,3,4,5,6,7,−1,1';
            polygon
_____
 ((−1,1),(2,3),(4,5),(6,7),(−1,1))
(1 row)
```

7.8.7 圆

圆（circle 类型）由一个圆心和一个半径代表，circle 类型的值用下面的语法指定：

```
<(x,y),r>

((x,y),r)

x,y,r
```

其中（x,y）是圆心，而 r 是圆的半径。圆的输出用第一种语法。示例如下：

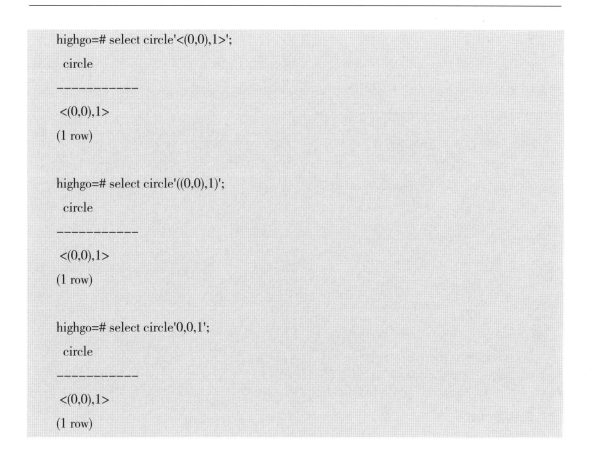

```
highgo=# select circle'<(0,0),1>';
  circle
-----------
 <(0,0),1>
(1 row)

highgo=# select circle'((0,0),1)';
  circle
-----------
 <(0,0),1>
(1 row)

highgo=# select circle'0,0,1';
  circle
-----------
 <(0,0),1>
(1 row)
```

7.9 网络地址类型

HGDB 提供了用于存储 IPv4、IPv6 和 MAC 地址的数据类型，使用这类的数据类型存储网络地址比使用纯文本类型更好，因为这些类型提供输入错误检测及特殊的操作符和函数。网络地址类型如下表所示：

名称	存储尺寸	描述
cidr	7 或 19 字节	IPv4 和 IPv6 网络
inet	7 或 19 字节	IPv4 和 IPv6 主机以及网络
macaddr	6 字节	MAC 地址
macaddr8	8 bytes	MAC 地址（EUI-64 格式）

在对 inet 或 cidr 数据类型排序时，IPv4 地址总是排在 IPv6 前面。

7.9.1 inet

inet 类型用于存储 IPv4 或 IPv6 主机地址及其子网（可选），子网由主机地址中的网络掩码表示。inet 类型的输入格式是 IP 地址 / 掩码位数，如省略掩码位数，则 IPv4 默认使用 32 位，IPv6 默认使用 128 位。示例如下：

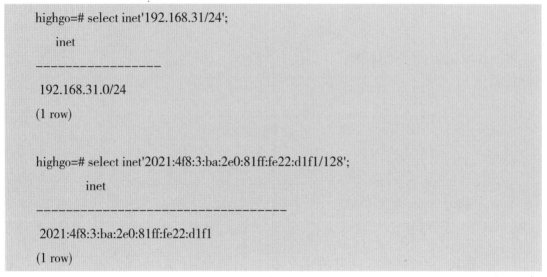

```
highgo=# select inet'192.168.31/24';
    inet
------------------
 192.168.31.0/24
(1 row)


highgo=# select inet'2021:4f8:3:ba:2e0:81ff:fe22:d1f1/128';
          inet
-----------------------------------
 2021:4f8:3:ba:2e0:81ff:fe22:d1f1
(1 row)
```

7.9.2 cidr

cidr 类型保存一个 IPv4 或 IPv6 网络地址声明，声明一个网络的格式是 IP 地址 / 掩码位数，如果省略掩码位数，掩码部分会用有类网络编号进行计算。示例如下：

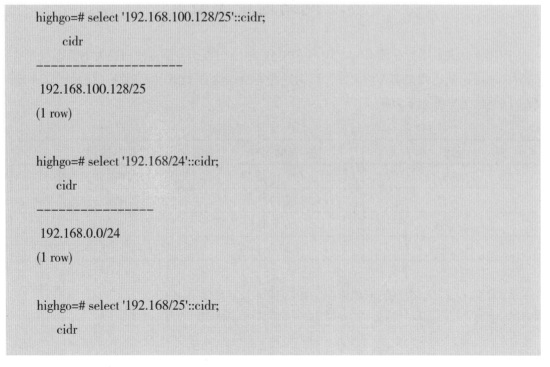

```
highgo=# select '192.168.100.128/25'::cidr;
       cidr
--------------------
 192.168.100.128/25
(1 row)


highgo=# select '192.168/24'::cidr;
     cidr
----------------
 192.168.0.0/24
(1 row)


highgo=# select '192.168/25'::cidr;
     cidr
----------------
```

```
       ————————————
   192.168.0.0/25
(1 row)


highgo=# select '192.168.1'::cidr;
   cidr
————————————
   192.168.1.0/24
(1 row)


highgo=# select '192.168'::cidr;
   cidr
————————————
   192.168.0.0/24
(1 row)


highgo=# select '128.1'::cidr;
   cidr
——————————
   128.1.0.0/16
(1 row)


highgo=# select '128'::cidr;
   cidr
——————————
   128.0.0.0/16
(1 row)


highgo=# select '128.1.2'::cidr;
   cidr
——————————
   128.1.2.0/24
(1 row)
```

```
highgo=# select '10.1.2'::cidr;
    cidr
---------------
 10.1.2.0/24
(1 row)

highgo=# select '10.1'::cidr;
    cidr
---------------
 10.1.0.0/16
(1 row)

highgo=# select '10'::cidr;
    cidr
---------------
 10.0.0.0/8
(1 row)

highgo=# select '10.1.2.3/32'::cidr;
    cidr
---------------
 10.1.2.3/32
(1 row)

highgo=# select '2001:4f8:3:ba::/64'::cidr;
      cidr
-------------------
 2001:4f8:3:ba::/64
(1 row)

highgo=# select '2001:4f8:3:ba:2e0:81ff:fe22:d1f1/128'::cidr;
         cidr
```

```
————————————————————————————————
 2001:4f8:3:ba:2e0:81ff:fe22:d1f1/128
(1 row)


highgo=# select '::ffff:1.2.3.0/120'::cidr;
      cidr
————————————————
 ::ffff:1.2.3.0/120
(1 row)


highgo=# select '::ffff:1.2.3.0/128'::cidr;
      cidr
————————————————
 ::ffff:1.2.3.0/128
(1 row)
```

inet 和 cidr 类型之间的本质区别是 inet 接受右边有非零位的网络掩码，而 cidr 不接受。例如，192.168.0.1/24 对 inet 是有效的，但对 cidr 是无效的。

7.9.3 macaddr

macaddr 类型存储 MAC 地址，也就是以太网卡硬件地址。示例如下：

```
highgo=# select '08:00:2b:01:02:03'::macaddr;
      macaddr
————————————————
 08:00:2b:01:02:03
(1 row)


highgo=# select '08-00-2b-01-02-03'::macaddr;
      macaddr
————————————————
 08:00:2b:01:02:03
(1 row)


highgo=# select '08002b:010203'::macaddr;
      macaddr
```

```
--------------------
 08:00:2b:01:02:03
(1 row)


highgo=# select '08002b-010203'::macaddr;
    macaddr
--------------------
 08:00:2b:01:02:03
(1 row)


highgo=# select '0800.2b01.0203'::macaddr;
    macaddr
--------------------
 08:00:2b:01:02:03
(1 row)


highgo=# select '0800-2b01-0203'::macaddr;
    macaddr
--------------------
 08:00:2b:01:02:03
(1 row)


highgo=# select '08002b010203'::macaddr;
    macaddr
--------------------
 08:00:2b:01:02:03
(1 row)
```

7.9.4 macaddr8

macaddr8 类型以 EUI-64 格式存储 MAC 地址, 这种类型可以接受 6 字节和 8 字节长的 MAC 地址, 并将它们存储为 8 字节长的格式。把 6 字节长度存储为 8 字节长度格式方式是把第 4 和第 5 字节分别设置为 FF 和 FE。示例如下:

```
highgo=# select '08:00:2b:01:02:03:04:05'::macaddr8;
    macaddr8
```

```
————————————————————————
 08:00:2b:01:02:03:04:05
(1 row)
```

```
highgo=# select '08:00:2b:01:02:03'::macaddr8;
    macaddr8
————————————————————————
 08:00:2b:ff:fe:01:02:03
(1 row)
```

```
highgo=# select '08-00-2b-01-02-03-04-05'::macaddr8;
    macaddr8
————————————————————————
 08:00:2b:01:02:03:04:05
(1 row)
```

```
highgo=# select '08002b0102030405'::macaddr8;
    macaddr8
————————————————————————
 08:00:2b:01:02:03:04:05
(1 row)
```

```
highgo=# select '08002b-0102030405'::macaddr8;
    macaddr8
————————————————————————
 08:00:2b:01:02:03:04:05
(1 row)
```

```
highgo=# select '0800.2b01.0203.0405'::macaddr8;
    macaddr8
————————————————————————
 08:00:2b:01:02:03:04:05
(1 row)
```

```
highgo=# select '0800-2b01-0203-0405'::macaddr8;
      macaddr8
─────────────────────────
 08:00:2b:01:02:03:04:05
(1 row)


highgo=# select '08002b01:02030405'::macaddr8;
      macaddr8
─────────────────────────
 08:00:2b:01:02:03:04:05
(1 row)


highgo=# select '08002b0102030405'::macaddr8;
      macaddr8
─────────────────────────
 08:00:2b:01:02:03:04:05
(1 row)
```

7.10 位串类型

位串就是一串 1 和 0 的串，可以用于存储和可视化位掩码。HGDB 有两种类型的 SQL 位类型：bit(n) 和 bit varying(n)，其中 n 是正整数。

bit 类型的数据必须准确匹配长度 n，存储短或长的位串都会报错。bit varying 数据是最长 n 的变长类型，超过长度会报错。不写长度的 bit 等价于 bit(1)，不写长度的 bit varying 没有长度限制。示例如下：

```
CREATE TABLE test (a BIT(3), b BIT VARYING(5));
INSERT INTO test VALUES (B'101', B'00');
INSERT INTO test VALUES (B'10', B'101');


ERROR:  bit string length 2 does not match type bit(3)


INSERT INTO test VALUES (B'10'::bit(3), B'101');
```

```
SELECT * FROM test;


 a | b
-----+-----
101 | 00
100 | 101
```

7.11 文本搜索类型

HGDB 提供给两种用于全文搜索的数据类型：tsvector、tsquery。

7.11.1 tsvector

tsvector 类型代表一个被优化的可以基于搜索的文档，将一串字符串转换成 tsvector 全文检索数据类型。示例如下：

```
highgo=# select 'Hello world'::tsvector;
    tsvector
-----------------
 'Hello' 'world'
(1 row)
```

要表示包含空白或标点的词，需要将它们用引号包围。示例如下：

```
highgo=# select $$Hello '  ' world ',' $$::tsvector;
         tsvector
--------------------------
 ' ',' 'Hello' 'world'
(1 row)
```

整数位置可以被附加给词位，示例如下：

```
highgo=# select $$Hello:1 '  ':2 world:3 ',':4 $$::tsvector;
          tsvector
-------------------------------
 ' ':2 ',':4 'Hello':1 'world':3
(1 row)
```

一个位置通常表示原词在文档中的定位，位置信息可以用于邻近排名。位置值范围为 1~16383，超过 16383，会被标记为 16383。

7.11.2 tsquery

tsquery 表示一个文本查询，存储用于搜索的词，并且支持布尔操作 &（AND）、|（OR）和 !（NOT）及短语操作符 <->（FOLLOWED BY），还有一种 FOLLOWED BY 操作符的变体 <N>，其中 N 是整数常量，指定要搜索的两个词之间的距离，<-> 等价于 <1>。示例如下：

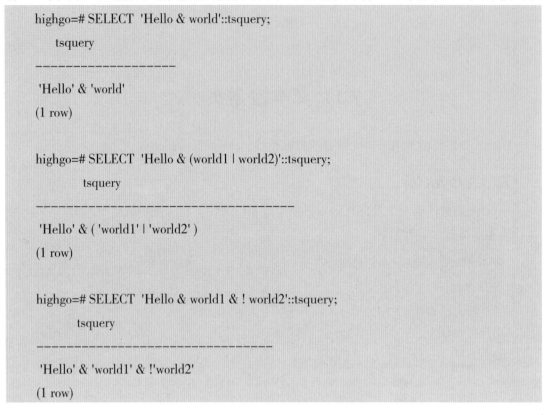

```
highgo=# SELECT 'Hello & world'::tsquery;
     tsquery
-------------------
 'Hello' & 'world'
(1 row)

highgo=# SELECT  'Hello & (world1 | world2)'::tsquery;
          tsquery
--------------------------------
 'Hello' & ( 'world1' | 'world2' )
(1 row)

highgo=# SELECT  'Hello & world1 & ! world2'::tsquery;
          tsquery
--------------------------------
 'Hello' & 'world1' & !'world2'
(1 row)
```

7.12 XML 类型

xml 类型用来存储 xml 数据，相比 text 存储 XML 数据，xml 类型会检查输入值的结构是不是完好的，并且支持函数用于在其上执行类型安全的操作。xml 类型可以存储遵循 XML 标准定义的文档及内容片段，通过引用更宽泛的"document node" Xquery 和 Xpath 数据模型来定义的，这意味着内容片段汇总可以有多于一个的顶层元素或字符节点。表达式 xmlvalue IS DOCUMENT 可以用来评估一个特定的 xml 值是完整的文档或是文档片段

要从字符数据汇总生成一个 xml 类型的值，可以使用函数 xmlparse，语法：XMLPARSE（{ DOCUMENT | CONTENT } value)，示例如下：

```
highgo=# select XMLPARSE (DOCUMENT '<?xml version="1.0"?><book><title>Manual</title><chapter>...</chapter></book>');
```

```
                xmlparse
----------------------------------------------------------
 <book><title>Manual</title><chapter>...</chapter></book>
(1 row)
highgo=# select XMLPARSE (CONTENT 'abc<foo>bar</foo><bar>foo</bar>');
        xmlparse
------------------------------
 abc<foo>bar</foo><bar>foo</bar>
(1 row)
```

也可以使用如下写法

```
highgo=# select xml '<foo>bar</foo>';
    xml
----------------
 <foo>bar</foo>
(1 row)


highgo=# select '<foo>bar</foo>'::xml;
    xml
----------------
 <foo>bar</foo>
(1 row)
```

7.13 JSON 类型

JSON 类型用来存储 JSON（JavaScript Object Notation）数据，这种数据可以存储为 text 类型，但 JSON 数据类型的优势在于能强制要求每个被存储的值符合 JSON 规则。HGDB 提供了两种存储 JSON 数据的类型：json 和 jsonb。

json 和 jsonb 类型接受相同的值集合作为输入，主要区别在使用效率上。json 类型完整存储输入文本，处理函数必须在每次执行时重新解析数据。而 jsonb 类型存储在分解好的二进制格式中，输入时稍慢一些，因为需要做附加的转换。但 jsonb 在处理时要快很多，因为不需要解析，jsonb 也支持索引。

json 类型存储的是输入文本的精确拷贝，可能会保留存在于记号之间的空格，还有 json 对象内部键的顺序。如果一个值中 json 对象中包含同一个键超过一次，所有的键 / 值都会被保留（处理函数会把最后的值当做有效值）。相反 jsonb 不保留空格，不保留对象键的顺序且不保留重复的对象键。如果输入中指定了重复键，只有最后一个值被保留。

7.13.1 JSON 输入和输出语法

下面是 json 的示例：

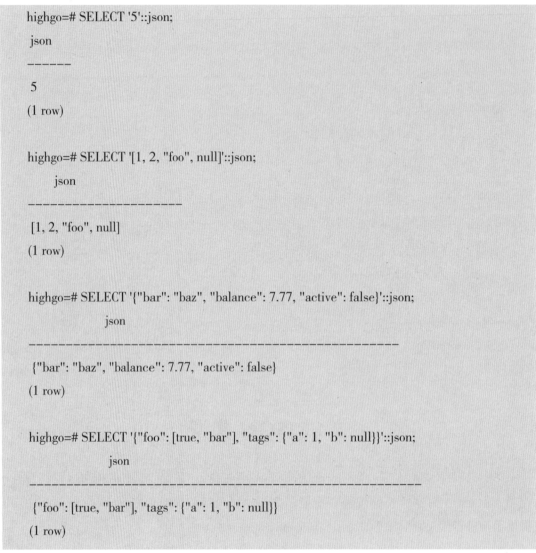

```
highgo=# SELECT '5'::json;
 json
------
 5
(1 row)

highgo=# SELECT '[1, 2, "foo", null]'::json;
       json
--------------------
 [1, 2, "foo", null]
(1 row)

highgo=# SELECT '{"bar": "baz", "balance": 7.77, "active": false}'::json;
                 json
--------------------------------------------------
 {"bar": "baz", "balance": 7.77, "active": false}
(1 row)

highgo=# SELECT '{"foo": [true, "bar"], "tags": {"a": 1, "b": null}}'::json;
                 json
--------------------------------------------------
 {"foo": [true, "bar"], "tags": {"a": 1, "b": null}}
(1 row)
```

7.14 数组

HGDB 中允许一个表中的列定义为变长多维数组，可以创建任何内建或用户定义的基类、枚举类型、组合类型或者域的数组。

7.14.1 数组类型的定义

一个数组类型可以通过在数据元素的数据类型名称后面加上方括号"[]"来命名。示例如下：

```
CREATE TABLE sal_emp (
    name            text,
    pay_by_quarter  integer[],
    schedule        text[][] )
;
```

create table 的语法允许指定数组的确切大小，示例如下：

```
CREATE TABLE tictactoe (
    squares   integer[3][3] )
;
```

另一种语法是使用关键词 ARRAY，可以用来定义一维数组，示例如下：

```
pay_by_quarter  integer ARRAY[4]
```

或不指定数组尺寸：

```
pay_by_quarter  integer ARRAY
```

7.14.2 数组值输入

要把一个数组写成一个文字常数，将元素值用花括号包围并用逗号分隔。在任意元素值周围可以使用双引号，并且在元素值包含逗号或花括号时必须这样做。一个数组常量的一般格式如下：

```
'{ val1 delim val2 delim ... }'
```

这里的 delim 是类型的界定符，记录在类型的 pg_type 中。在 HGDB 的标准数据类型中，除了 box 类型使用一个分号，所有都使用一个逗号。每个 val 可以是数组元素类型的一个常量，也可以是一个子数组。示例：'{{1,2,3},{4,5,6},{7,8,9}}'

数组值输入示例如下：

```
highgo=# INSERT INTO sal_emp
highgo-#     VALUES ('Bill',
highgo(#    '{10000, 10000, 10000, 10000}',
highgo(#    '{{"meeting", "lunch"}, {"training", "presentation"}}');
INSERT 0 1
highgo=#
highgo=# INSERT INTO sal_emp
highgo-#     VALUES ('Carol',
```

```
highgo(#    '{20000, 25000, 25000, 25000}',
highgo(#    '{{"breakfast", "consulting"}, {"meeting", "lunch"}}');
INSERT 0 1
highgo=# SELECT * FROM sal_emp;
 name |    pay_by_quarter    |            schedule
------+---------------------------------+-------------------------------------
------------
 Bill  | {10000,10000,10000,10000} | {{meeting,lunch},{training,presentation}}
 Carol | {20000,25000,25000,25000} | {{breakfast,consulting},{meeting,lunch}}
(2 rows)
```

7.14.3 访问数组

访问数组中的一个元素，示例如下：

```
highgo=# SELECT name FROM sal_emp WHERE pay_by_quarter[1] <> pay_by_quarter[2];
 name
--------
 Carol
(1 row)
```

数组下表写在方括号内，数组从 1 开始。查询所有员工第三季度工资的示例如下：

```
highgo=# SELECT pay_by_quarter[3] FROM sal_emp;
 pay_by_quarter
----------------
      10000
      25000
(2 rows)
```

可以访问一个数组的任意切片或子数组，一个数组切片可以通过在一个或多个数组维度上指定"下界 : 上界"定义，例如查询检索 Bill 在本周前两天日程中的第一项：

```
highgo=# SELECT schedule[1:2][1:1] FROM sal_emp WHERE name = 'Bill';
     schedule
-----------------------------
 {{meeting},{training}}
(1 row)
```

任何数组值的当前维度可以使用 array_dims 函数获得：

```
highgo=# SELECT array_dims(schedule) FROM sal_emp WHERE name = 'Carol';
```

```
array_dims

-------------

 [1:2][1:2]

(1 row)
```

array_length 将返回一个指定数组维度的长度：

```
highgo=# SELECT array_length(schedule, 1) FROM sal_emp WHERE name = 'Carol';
 array_length

---------------

       2

(1 row)
```

cardinality 返回一个数组中在所有维度上的元素总数：

```
highgo=# SELECT cardinality(schedule) FROM sal_emp WHERE name = 'Carol';
 cardinality

-------------

       4

(1 row)
```

7.14.4 修改数组

数组值可以被整个替换：

```
UPDATE sal_emp SET pay_by_quarter = '{25000,25000,27000,27000}'
   WHERE name = 'Carol';
```

或者使用 ARRAY 表达式语法：

```
UPDATE sal_emp SET pay_by_quarter = ARRAY[25000,25000,27000,27000]
   WHERE name = 'Carol';
```

数组也可以在元素上被更新：

```
UPDATE sal_emp SET pay_by_quarter[4] = 15000
   WHERE name = 'Bill';
```

或在切片上更新：

```
UPDATE sal_emp SET pay_by_quarter[1:2] = '{27000,27000}'
   WHERE name = 'Carol';
```

7.14.5 在数组中搜索

如果在数组中搜索值，数组中的每个值都会被检查。查询含有 10000 元素的数组，示例如下：

```
highgo=# SELECT * FROM sal_emp WHERE 10000 = ANY (pay_by_quarter);
 name |      pay_by_quarter       |           schedule
------+---------------------------+----------------------------------------
 Bill | {10000,10000,10000,10000} | {{meeting,lunch},{training,presentation}}
(1 row)
```

查询所有元素都为 10000 的数组所在的行，示例如下：

```
highgo=# SELECT * FROM sal_emp WHERE 10000 = ALL (pay_by_quarter);
 name |      pay_by_quarter       |           schedule
------+---------------------------+----------------------------------------
 Bill | {10000,10000,10000,10000} | {{meeting,lunch},{training,presentation}}
(1 row)
```

7.15 组合类型

一个组合类型表示一行或一个记录的结构，本质上是一个域名和它们数据类型的列表。HGDB 中允许把组合类型用在很多能用简单类型的地方，例如：一个表的一列可以被声明为一种组合类型。

7.15.1 组合类型的声明

下面是定义组合类型的示例：

```
highgo=# CREATE TYPE inventory_item AS (
highgo(#    name        text,
highgo(#    supplier_id  integer,
highgo(#    price        numeric
highgo(# );
CREATE TYPE
```

使用上面定义的类型创建表，示例如下：

```
highgo=# CREATE TABLE on_hand (
highgo(#    item   inventory_item,
highgo(#    count  integer
highgo(# );
```

```
CREATE TABLE

highgo=# INSERT INTO on_hand VALUES (ROW('fuzzy dice',42, 1.99), 1000);
INSERT 0 1
```

创建表后，会自动创建一个组合类型来表示表的行类型，具有和表一样的名称。

7.15.2 构造组合值

要把组合值写作一个文字常量，需要将该域值封闭在圆括号中并用逗号分隔，可以在任何域值周围放上双引号，如果域值包含逗号或圆括号则必须这样做。一般组合常量的格式：'(val1 , val2 , ...)'。示例如下：

```
'("fuzzy dice",42,1.99)'
```

如果域值为 NULL，在列表中它的位置上不写字符。例如：

```
'("fuzzy dice",,1.99)'
```

如果域值为空字符串而不是 NULL，需要用双引号引起：

```
'("",42,)'
```

7.15.3 访问组合类型

要访问组合列的一个域，可以写成一个点和域的名称，需要使用圆括号避免让解析器混淆。例如，从表 on_hand 中选取子域：

```
highgo=# SELECT (item).name FROM on_hand WHERE (item).price > 1.99;
 name
--------
 highgo
(1 row)
```

或：

```
highgo=# SELECT (on_hand.item).name FROM on_hand WHERE (on_hand.item).price > 1.99;
 name
--------
 highgo
(1 row)
```

7.15.4 修改组合类型

插入和更新组合列的语法示例如下：

```
INSERT INTO on_hand (item) VALUES(ROW('highgo',52,4.99));
```

```
UPDATE on_hand SET item=ROW('highgo',53,4.99) WHERE count=1001;
```

更新一个组合列的单个子域：

```
UPDATE on_hand SET item.supplier_id=(item).supplier_id+1 WHERE ...;
```

也可以指定子域作为 INSERT 的目标：

```
highgo=# INSERT INTO on_hand (item.supplier_id,item.price) VALUES(11,2.2);
INSERT 0 1
highgo=# select * from on_hand ;
      item        | count
------------------------+--------
 ("fuzzy dice",42,1.99) | 1000
 (highgo,52,4.99)       | 1001
 (,11,2.2)              |
(3 rows)
```

7.15.5 在查询中使用组合类型

查询中对一个表名或别名的引用，实际上是对该表当前行的组合值的引用。例如，查询上面示例中的表 on_hand，将会产生一个单一组合值列，如下所示：

```
highgo=# select c from on_hand c;
          c
------------------------------------
 ("(""fuzzy dice"",42,1.99)",1000)
 ("(highgo,52,4.99)",1001)
 ("(,11,2.2)",)
(3 rows)
```

7.16 范围类型

范围类型是表达某种元素类型的一个值的范围的数据类型。范围类型可以表达一种单一范围值中的多个元素值，并可以清晰地表达诸如范围重叠等概念。

7.16.1 内建范围类型

HGDB 中有下列内建范围类型：

int4range integer 的范围

int8range bigint 的范围

numrange numeric 的范围

tsrange 不带时区的 timestamp 的范围

tstzrange 带时区的 timestamp 的范围

daterange date 的范围

除此之外，可以使用 create type 定义自己的范围类型。

范围类型示例如下：

```
highgo=# CREATE TABLE reservation (room int, during tsrange);
CREATE TABLE
highgo=# INSERT INTO reservation VALUES
highgo-#    (1108, '[2010-01-01 14:30, 2010-01-01 15:30)');
INSERT 0 1
-- 包含
highgo=# SELECT int4range(10, 20) @> 3;
 ?column?
----------
 f
(1 row)
-- 重叠
highgo=# SELECT numrange(11.1, 22.2) && numrange(20.0, 30.0);
 ?column?
----------
 t
(1 row)
-- 抽取上界
highgo=# SELECT upper(int8range(15, 25));
 upper
-------
    25
(1 row)
-- 计算交集
highgo=# SELECT int4range(10, 20) * int4range(15, 25);
 ?column?
```

```
----------
 [15,20)
(1 row)
-- 判断范围是否为空
highgo=# SELECT isempty(numrange(1, 5));
 isempty
----------
 f
(1 row)
```

7.16.2 包含和排除边界

每个非空范围都有两个界限，上界和下界。这些值之间的所有点都被包含在范围内。一个包含界限意味着边界点本身也被包括在范围内，而一个排除边界意味着边界点不被包括在范围内。

在一个范围的文本形式中，包含下界表示为"["，排除下界表示为"("。同样包含上界表示为"]"，排除上界表示为")"。函数 lower_inc 和 upper_inc 分别测试一个范围值的上下界。

7.16.3 无限（无界）范围

范围的下界可以被忽略，意味着所有小于上界的值都被包括在范围中，例如（,3）。同样，如果忽略范围的上界，那么所有比上界大的值都包含在范围中。如果上下界都被忽略，该元素类型的所有值都被认为在该范围中。规定缺失的包括界限自动转换为排除，例如：[,] 转换为 (,)。可以认为这些缺失值为 +/– 无穷大，但是特殊范围类型值，并且被视为超出任何范围元素类型的 +/– 无穷大值。

具有"infinity"概念的元素类型可以作为显示边界值。例如，在时间戳范围，[today,infinity）不包括特殊的 timestamp 值 infinity。

函数 lower_inf 和 upper_inf 分别测试一个范围的无限上下界。

7.16.4 范围输入 / 输出

范围值的输入必须遵循下列模式之一：

```
(lower-bound,upper-bound)

(lower-bound,upper-bound]

[lower-bound,upper-bound)

[lower-bound,upper-bound]
```

```
empty
```

圆括号或方括号指示上下界是否为排除或包含，最后一个模式是 empty，表示一个空范围。lower-bound 可以是作为 subtype 的合法输入的一个字符串，或是空表示没有下界。同样，upper-bound 可以是作为 subtype 的合法输入的一个字符串，或是空表示没有上界。示例如下：

-- 包括 3，不包括 7，并且包括 3 和 7 之间的所有点

```sql
SELECT '[3,7)'::int4range;
```

-- 既不包括 3 也不包括 7，但是包括之间的所有点

```sql
SELECT '(3,7)'::int4range;
```

-- 只包括单独一个点 4

```sql
SELECT '[4,4]'::int4range;
```

-- 不包括点（并且将被标准化为 ' 空 '）

```sql
SELECT '[4,4)'::int4range;
```

7.16.5 构造范围

每种范围类型都有一个与其同名的构造函数，构造函数接受两个或三个参数。两个参数的形式以标准形式构成一个范围（下界是包含的，上界是排除的），而三个参数的形式按照第三个参数指定的界限形式构成的一个范围。第三个参数必须是下列字符串之一："()" "(]" "[)" "[]"。示例如下：

-- 完整形式是：下界、上界以及指示界限包含性 / 排除性的文本参数

```sql
SELECT numrange(1.0, 14.0, '(]');
```

-- 如果第三个参数被忽略，则假定为 '[)'

```sql
SELECT numrange(1.0, 14.0);
```

-- 尽管这里指定了 '[]'，显示时该值将被转换成标准形式，因为 int8range 是一种离散范围类型（见下文）

```sql
SELECT int8range(1, 14, '[]');
```

-- 为一个界限使用 NULL 导致范围在那一边是无界的

```sql
SELECT numrange(NULL, 2.2);
```

7.16.6 离散范围类型

离散范围的元素类型具有一个良定义的"步长"（良定义指符合 SQL 标准的定义），需要一个正规化函数定义元素类型的步长。正规化函数负责把范围类型的相等的值，特别是与包含或排除界限，转换成相同的表达方式。如果不指定正规化函数，那么具有不同格

式的范围将总是会被当作不等，即使他们实际上是表达相同的一组值。

内建的范围类型 int4range、int8range 和 daterange 都使用一种正规的形式，该形式包括下界并且排除上界，也就是 [)。用户自定义的范围类型可以使用其他形式。

7.16.7 定义新的范围类型

为了使用内建范围类型中没有提供的 subtype 上的范围，用户可以定义自己的范围类型。例如创建一个 subtype float8 的范围类型：

```
CREATE TYPE floatrange AS RANGE (
    subtype = float8,
    subtype_diff = float8mi )
;


SELECT '[1.234, 5.678]'::floatrange;
```

定义的范围类型也允许指定使用一个不同的子类型 B-tree 操作符类或集合，以便更改排序顺序决定哪些值会落入给定的范围。

如果 subtype 有离散值，create type 命令需要指定一个 canonical 函数。正规化函数接收一个输入的范围值，并必须返回一个可能具有不同界限和格式的等价的范围值。对于两个表示相同值集合的范围（例如 [1,7] 和 [1,8]），正规的输出必须一样。

要用于 GiST 或 SP-GiST 的范围类型应当定一个 subtype 差异或 subtype_diff 函数（没有 subtype_diff 索引仍能工作，但效率较低）。

7.16.8 索引

可以为使用范围类型的表创建 GiST 和 SP-GiST 索引，例如创建一个 GiST 索引：
CREATE INDEX reservation_idx ON reservation USING GIST (during);

GiST 或 SP-GiST 索引可以加速涉及以下范围操作的查询：=、&&、<@、@>、<<、>>、-|-、&<、&>。此外，范围类型的表列上可以创建 B-tree 和 Hash 索引。与范围类型相关的索引类型中，最有效的是等值操作。B-tree 可以对范围类型数据进行排序，提供对"〈"和"〉"操作符的支持。使用的 B-tree 和哈希索引主要是为了处理在查询中出现对范围类型数据的排序和哈希操作。

7.16.9 范围上的约束

虽然 UNIQUE 是标量值的一种约束，但通常不适合于范围类型。排除约束更适合范围类型。例如：

```
CREATE TABLE reservation (
```

```
during tsrange,
EXCLUDE USING GIST (during WITH &&) )
;
```

该约束将防止表中出现重复值：

```
INSERT INTO reservation VALUES
    ('[2010-01-01 11:30, 2010-01-01 15:00)');
INSERT 0 1

INSERT INTO reservation VALUES
    ('[2010-01-01 14:45, 2010-01-01 15:45)');
ERROR:  conflicting key value violates exclusion constraint "reservation_during_excl"
DETAIL:  Key (during)=(["2010-01-01 14:45:00","2010-01-01 15:45:00")) conflicts
with existing key (during)=(["2010-01-01 11:30:00","2010-01-01 15:00:00")).
```

7.17 域类型

域是一种用户定义的数据类型，基于另一种底层类型。根据需要，可以用约束来限制其有效值为底层类型所允许值的一个子集。如果没有约束，就与底层类型一样。例如，任何适用于底层类型的操作符或函数都对该域类型有效。底层类型可以是任何内建或用户定义的基础类型、枚举类型、数组类型、组合类型、范围类型或另一个域。例如，可以在整数上创建一个域，只接受正整数：

```
CREATE DOMAIN posint AS integer CHECK (VALUE > 0);
CREATE TABLE mytable (id posint);
INSERT INTO mytable VALUES(1);   -- 成功
INSERT INTO mytable VALUES(-1);  -- 失败
```

当底层类型的一个操作符或函数适用于一个域值时，域会被向下造型为底层类型。因此，mytable.id-1 的结果是 integer 类型而不是 posint 类型。

7.18 对象标识符类型

对象标识符（OID）类型在 HGDB 中用来作为内部系统表的主键，类型 oid 表示一个对象标识符。oid 有多个别名类型：regproc、regprocedure、regoper、regoperator、regclass、

regtype、regrole、regnamespaceregconfig、regdictionary。oid 类型是一个无符号 4 字节整数,
oid 别名类型除了特定的输入和输出之外没有其他操作, 这些类型可以接受并显示系统对
象的符号名, 而不是类型 oid 使用的原始数字值。别名类型使查找对象的 OID 值变得简单。
例如要检查一个表 mytable 有关的 pg_attribute 行, 示例如下:

SELECT * FROM pg_attribute WHERE attrelid = 'mytable'::regclass;

对象标识符类型详细描述如下:

名字	引用	描述	值示例
oid	任意	数字形式的对象标识符	564182
regproc	pg_proc	函数名字	sum
regprocedure	pg_proc	带参数类型的函数	sum(int4)
regoper	pg_operator	操作符名字	+
regoperator	pg_operator	带参数类型的操作符	*(integer,integer) or −(NONE,integer)
regclass	pg_class	关系名字	pg_type
regtype	pg_type	数据类型名字	integer
regrole	pg_authid	角色名	smithee
regnamespace	pg_namespace	名字空间名称	pg_catalog
regconfig	pg_ts_config	文本搜索配置	english
regdictionary	pg_ts_dict	文本搜索字典	simple

第8章
备份和恢复

数据库中的数据是企业的宝贵资产，也是企业的价值所在。就像保护其他珍贵的东西一样，数据也应该被好好保护，应定期备份数据库，以保证数据的安全。同时，在必要情况下，还应能够使用备份进行数据恢复。

HGDB 提供了备份和恢复管理工具，支持数据的备份和恢复。

下面介绍 HGB 的三种基本的备份恢复方法：

● SQL 转储

●文件系统级备份

●连续归档

8.1 SQL 转储

SQL 转储方法的思想是创建一个由 SQL 命令组成的文件，当把这个文件传输给服务器时，服务器将利用其中的 SQL 命令重建与转储时状态一样的数据库。瀚高数据库为此提供了工具 pg_dump。这个工具的基本用法是：

```
pg_dump dbname > dumpfile
```

正如你所见，pg_dump 把结果输出到标准输出。我们后面将看到这样做有什么用处。尽管上述命令会创建一个文本文件，pg_dump 可以用其他格式创建文件以支持并行和细粒度的对象恢复控制。

pg_dump 工作的时候并不阻塞其他对数据库的操作（但是会阻塞那些需要排它锁的操作，比如大部分形式的 ALTER TABLE）。

pg_dump 相比其他备份方法的一个重要优势是支持跨版本导入。pg_dump 的备份可以很容易地在新版本瀚高数据库中载入。而文件备份和连续归档备份都是版本限定的。pg_dump 也是唯一支持不同机器架构的备份方式，例如从一个 32 位服务器到一个 64 位服务器。

8.1.1 创建 SQL 转储

本节主要介绍 SQL 转储的方式备份数据库。SQL 转储需要用到 pg_dump 工具。

8.1.1.1.pg_dump 介绍

（1）pg_dump 语法

pg_dump [connection-option...] [option...] [dbname]

（2）常用参数说明

-h host 或者 --host=host：服务器的主机名或者 IP 地址

-p port 或者 --port=port：指定端口号

-U username 或者 --username=username：要连接的用户名

-a 或者 --data-only：只备份数据

-f file 或者 --file=file：指定备份目录 + 备份文件名

-F format 或者 --format=format：设定文件输出的格式，format 的值有 p(plain)、c(custom)等，p 是备份成纯文本的 SQL 脚本，c 是自定义格式，选择 c 时，文件扩展名一般是 .backup

-n schema 或者 --schema=schema：指定备份的模式，多个模式时写 -n schema1 -n schema2……

-s 或者 --schema-only：只备份 DDL，与 --data-only 相反

-t table 或者 --table=table：指定备份的表（或视图、序列、外部表）

-v 或者 --verbose：打印备份日志

-Z 0..9 或者 --compress=0..9：压缩率，0 表示不压缩。不写该参数的时候，默认进行中等级别压缩

--inserts：备份时，数据备份为 insert 语句，而不是 copy。不写该参数时，默认是 copy

--column-inserts 或者 --attribute-inserts：备份成带有列名的 insert 语句

--dbname：要备份的数据库名

-d dbname 或者 --dbname=dbname：指定要连接到的数据库名，等效于 dbname 参数。

注："自定义"格式（-Fc）必须与 pg_restore 配合使用来重建数据库

8.1.1.2 全库备份

全库备份时需要使用超级用户，在 HGDB 中，企业版是 highgo，安全版是 sysdba。

（1）自定义格式

pg_dump −h IPAddress −p port −U superuser −F c −v −f backupfilepath dbname

示例：

pg_dump −h 127.0.0.1 −p 5866 −U highgo/sysdba −F c −v −f /data/myhgdb.backup myhgdb

（2）sql 文本格式

pg_dump −h IPAddress −p port −U superuser −F p −v −f sqlfilepath dbname

示例：

pg_dump −h 127.0.0.1 −p 5866 −U highgo/sysdba −F p −v −f /data/myhgdb.sql myhgdb

pg_dump −h 127.0.0.1 −p 5866 −U highgo −F p −v −f D:\backup\myhgdb.sql myhgdb

8.1.1.3 部分备份

可以使用诸如 −n schema 或 −t table 选项来备份该数据库中部分数据。

（1）自定义格式

pg_dump −h IPAddress −p port −U username −F c −v −n public −n schemaname −f backupfilepath dbname

示例：

pg_dump −h 127.0.0.1 −p 5866 −U myuser −F c −v −n public −n myschema −f /data/myhgdb.backup myhgdb

（2）sql 文本格式

pg_dump −h IPAddress −p port −U username −F p −v −n public −n schemaname −f sqlfilepath dbname

示例：

pg_dump −h 127.0.0.1 −p 5866 −U myuser −F p −v −n public −n myschema −f /data/myhgdb.sql myhgdb

8.1.1.4 关联的 support ID

一级分类	二级分类	文章名称	support ID
管理工具	HGadmin	hgdbadmin 使用手册（企业版）	013798702
		hgdbadmin 使用手册（安全版）	015600002
备份恢复	逻辑备份恢复	逻辑备份（pg_dump）	016947802

8.1.2 从转储中恢复

本节主要介绍恢复数据库。与备份一样，恢复也需要使用相关程序完成。pg_dump 生成的文本文件可以由 psql 程序读取。从转储中恢复的常用命令是：

```
psql dbname < dumpfile
```

其中 dumpfile 就是 pg_dump 命令的输出文件。这条命令不会创建数据库 dbname，你必须在执行 psql 前创建。

非文本文件转储可以使用 pg_restore 工具来恢复。恢复命令如下：

```
pg_restore –C –d postgres db.dump
```

一旦完成恢复，在每个数据库上运行 ANALYZE 是明智的举动，这样优化器就有有用的统计数据了。

8.1.2.1sql 文本恢复

（1）在 CMD 窗口或者 Linux 终端中用 psql 命令连接数据库：

```
psql –U username –d myhgdb
```

注：username 可以是 highgo（企业版）、sysdba（安全版）、自定义用户

（2）执行 sql 脚本，实行数据库的还原：

```
\i $bakdir/example.sql
```

8.1.2.2 自定义文件的恢复

（1）语法：

```
pg_restore [connection–option...] [option...] [filename]
```

（2）常用参数说明：

–h host 或者 ––host=host：服务器的主机名或者 IP 地址

–p port 或者 ––port=port：指定端口号

–U username 或者 ––username=username：要连接的用户名

–d dbname 或者 ––dbname=dbname：指定要还原的数据库名

–v 或 ––verbose：打印还原日志

filename：backup 文件的目录

（3）还原的详细命令格式如下：

```
pg_restore –h IPAddress –p port –U username –d dbname –v filename
```

注：使用超级用户做备份时，username 建议使用超级用户，普通用户做备份时，username 建议使用普通用户。

（4）示例

```
pg_restore –h 127.0.0.1 –p 5866 –U highgo –d myhgdb –v D:\backup\myhgdb.backup
pg_restore –h 127.0.0.1 –p 5866 –U myuser –d myhgdb –v /data/myhgdb.backup
```

8.1.2.3 关联的 support ID

一级分类	二级分类	文章名称	support ID
管理工具	HGadmin	hgdbadmin 使用手册（企业版）	013798702
		hgdbadmin 使用手册（安全版）	015600002
迁移	HGDB → HGDB 全库	Highgo Database 数据库单机迁移	019349702

8.1.3 使用 pg_dumpall

pg_dump 每次只转储一个数据库，而且它不会转储关于角色或表空间（因为它们是集簇范围的）的信息。为了支持方便地转储一个数据库集簇的全部内容，提供了 pg_dumpall 程序。pg_dumpall 备份一个给定集簇中的每一个数据库，并且也保留了集簇范围的数据，如角色和表空间定义。该命令的基本用法是：

```
pg_dumpall > dumpfile
```

转储的结果可以使用 psql 恢复：

```
psql –f dumpfile postgres
```

8.2 文件系统级别备份

另外一种备份策略是直接复制瀚高数据库用于存储数据库中数据的文件，你可以采用任何你喜欢的方式进行文件系统备份，例如：

```
tar –cf backup.tar /usr/local/pgsql/data
```

但是这种方法有两个限制，使得这种方法不实用，或者说至少比 pg_dump 方法差：

1. 为了得到一个可用的备份，数据库服务器必须被关闭。同样，在恢复数据之前你也需要关闭服务器。

2. 备份或恢复特定的表或数据库时，这种方法也不会起作用。

8.3 连续归档和 PITR

任何时间，瀚高数据库在数据集簇目录的 pg_wal/ 子目录下都保持有一个预写式日志（WAL）。这个日志存在的目的是保证系统崩溃后的安全：如果系统崩溃，可以"重放"

从最后一次检查点以来的日志项来恢复数据库的一致性。该日志的存在也使得第三种备份数据库的策略变得可能：我们可以把一个文件系统级别的备份和 WAL 文件的备份结合起来。当需要恢复时，我们先恢复文件系统备份，然后从备份的 WAL 文件中重放来把系统带到一个当前状态。这种方法比之前的方法管理起来要更复杂，但是有其显著的优点：

● 我们不需要一个完美的一致的文件系统备份作为开始点。备份中的任何内部不一致性将通过日志重放（这和崩溃恢复期间发生的并无显著不同）来修正。

● 由于我们可以结合一个无穷长的 WAL 文件序列用于重放，可以通过简单的归档 WAL 文件来达到连续备份。这对于大型数据库特别有用，因为在其中不方便频繁地进行完全备份。

● 并不需要一直重放 WAL 项一直到最后。我们可以在任何点停止重放，并得到一个数据库在当时的一致快照。这样，该技术支持时间点恢复：在得到基础备份以后，可以将数据库恢复到它其后任何时间的状态。

● 如果我们连续地将一系列 WAL 文件输送给另一台已经载入了相同基础备份文件的机器，我们就得到了一个热后备系统：在任何时间点我们都能启用第二台机器，它差不多是数据库的当前副本。

注意：

pg_dump 和 pg_dumpall 不会产生文件系统级别的备份，并且不能用于连续归档方案。这类转储是逻辑的并且不包含足够的信息用于 WAL 重放。

8.3.1 启用归档

要启用 WAL 归档，需设置 wal_level 配置参数为 replica 或更高，设置 archive_mode 为 on，并且使用 archive_command 配置参数指定一个 shell 命令。

示例：

```
alter system set wal_level=replica;

alter system set archive_mode = on;

alter system set archive_command = 'test ! -f /arch/%f;cp -i %p /arch/%f';
```

8.3.2 制作一个基础备份

执行一次基础备份最简单的方法是使用 pg_basebackup 工具。它将会以普通文件或一个 tar 归档的方式来创建一个基础备份。如果需要比 pg_basebackup 更高的灵活性，你也可以使用低级 API 来制作一个基础备份。

（1）pg_basebackup 命令：

```
pg_basebackup [option...]
```

（2）常用参数说明：

-D directory 将输出写到哪个目录

-F format，p 把输出写成平面文件，tar 将输出写成目标目录中的 tar 文件

-T olddir=newdir，在备份期间将目录 olddir 中的表空间重定位到 newdir 中

-X method 在备份中包括所需的预写式日志文件（WAL 文件）。fetch 在备份末尾收集预写式日志文件，stream 在备份被创建时流传送预写式日志

-P 启用进度报告

-v 启用冗长模式，打印详细日志

-h host，指定运行服务器的机器的主机名

-p port，指定服务器正在监听连接的 TCP 端口或本地 Unix 域套接字文件扩展

-U username，要作为哪个用户连接

示例：

```
pg_basebackup -F t -X fetch -v -D /tmp/backup  -h 192.168.80.105 -p 5432 -U postgres -P -v
```

8.3.3 并行备份

完整基础备份是指对数据库集群文件进行完全相同的复制的操作，通常由前端工具 pg_basebackup 执行，该工具将始终对整个数据库集群进行复制。该工具在单线程模式下工作，并且对大型数据库进行完整备份的过程可能会花费很长时间，并且可能减慢联机数据库操作的速度。

瀚高数据库引入了内置于 pg_basebackup 前端工具中的并行备份功能，用户可以将辅助线程的数量指定为命令行参数。这允许 pg_basebackup 工具产生多个并行工作程序，以帮助分散总的工作量。每个进程都可以在目标数据库集群的一部分上并行执行完整的基础备份，因此可以更有效地利用系统资源并减少所需的时间。

（1）设置适当的 max_wal_sender 参数

```
alter system set max_wal_senders = 10;
```

（2）设置正确的复制连接权限

在 pg_basebackup 可以成功连接到服务器以执行完整的基本备份之前，服务器必须首先在 pg_hba.conf 中允许这种连接。

示例：

```
local replication all peer
host replication all 127.0.0.1/32 ident
host replication highgo 172.17.0.2/32 trust
host replication all ::1/128 ident
```

（3）并行备份用法

新的命令行选项（–j | ––jobs = NUM）被添加到 pg_basebackup 前端工具中，该工具接收大于 0 的正整数，该整数表示应产生以处理完整的基本备份操作所需的并行工作线程数。

示例：

生成 4 个并行工作器以执行对 $BACKUP_DIR 的基本备份

```
$ pg_basebackup –j 4 –D $BACKUP_DIR
```

生成 10 个并行工作器以详细模式执行对 $ BACKUP_DIR 的基本备份

```
$ pg_basebackup ––jobs=10 –D $BACKUP_DIR –v
```

使用单线程模式执行到 $BACKUP_DIR 的基本备份

```
$ pg_basebackup –D $BACKUP_DIR
```

8.3.4 PITR 恢复

现在最坏的情况发生了，你需要从你的备份进行恢复。这里是其过程：

1. 如果服务器仍在运行，停止它。

2. 如果具有足够的空间，将整个集簇数据目录和表空间复制到一个临时位置，稍后将用到它们。注意这种预防措施要求在系统上有足够的空间来保留现有数据库的两个备份。如没有足够的空间，至少要保存集簇的 pg_wal 子目录及文件，因为它可能包含在系统宕机之前未被归档的日志。

3. 移除所有位于集簇数据目录和正在使用的表空间根目录下的文件和子目录。

4. 从文件系统备份中恢复数据库文件。注意它们要使用正确的所有权恢复（数据库系统用户，不是 root！）并且使用正确的权限。如果在使用表空间，应该验证 pg_tblspc/ 中的符号链接被正确地恢复。

5. 移除 pg_wal/ 中的任何文件，这些是来自文件系统备份而不是当前日志，因此可以忽略。如果没有归档 pg_wal/，那么请你以正确的权限重建它。注意如果以前它是一个符号链接，请确保也以同样的方式重建它。

6. 如果你有在第 2 步中保存的未归档 WAL 段文件，把它们拷贝到 pg_wal/（最好是拷贝而不是移动它们，这样如果在开始恢复后出现问题你仍然有未修改的文件）。

7. 创建一个恢复标识文件 recovery.signal。临时修改 pg_hba.conf 来阻止普通用户在成功恢复之前连接。

8. 启动服务器。服务器将会进入恢复模式并且进而根据需要读取归档 WAL 文件。恢复可能因为一个外部错误而被终止，可以简单地重新启动服务器，这样它将继续恢复。恢复过程结束后，服务器将把 recovery.conf 重命名为 recovery.done（为了阻止以后意外地重新进入恢复模式），并且开始正常数据库操作。

9. 检查数据库的内容来确保你已经恢复到了期望的状态。如果没有，返回到第 1 步。如果一切正常，通过恢复 pg_hba.conf 为正常来允许用户连接。

所有这一切的关键部分是设置一个恢复配置文件，它描述了您希望恢复的方式以及恢复应运行的程度。您可以使用 recovery.conf.sample（通常位于安装的共享 / 目录中）作为原型。在恢复过程中必须指定的一个参数是 restore_command，它告诉数据库如何检索存档的 WAL 文件。

示例：

1. 恢复备份

将备份和归档拷贝到恢复服务器相应目录中

2. 配置文件 recovery.conf（$PGDATA/recovery.conf）

```
# recovery
restore_command='cp –i /backup/db/arch/%f %p'
recovery_target_time='2020-12-27 01:30:00' -- 基于时间点不完全恢复
recovery_target_timeline = 'latest'
```

3. 启动数据库恢复

```
pg_ctl start
```

8.3.5 hg_rman 工具备份恢复

为了防止数据库丢失数据以及在数据丢失后重建数据库，数据库备份与恢复工具对于数据库生产运维来说不可缺少。瀚高开发了备份工具 hg_rman。

hg_rman 添加特有的块跟踪机制，在运行过程中，对有变更的 page 号做出记录，在执行数据库增量备份过程中，就不需要全盘扫描数据库文件来获取数据库变更 page 了。

hg_rman 常用命令：

（1）hg_rman 初始化命令

命令格式：

```
hg_rman OPTION init
```

此处 OPTION 支持的参数如下：

-D, --pgdata=PATH 目标数据库数据所在的存储位置

-A, --arclog-path=PATH 归档日志的存储位置

-B, --backup-path=PATH 备份结果集的存储位置

如果在执行命令时，未指定 option 参数，程序会自动获取环境变量的值作为命令参数。

命令用途：执行初始化命令后，会在 $HGDB_HOME/conf 路径下生成配置文件如果在执行初始化命令时，指定了这些参数那么会将这些参数写到配置文件中去。

（2）hg_rman 备份命令

命令格式：

`hg_rman OPTION backup`

此处 OPTION 支持的参数如下：

-B, --backup-path=PATH 备份文件将会保存到此目录

-d, --dbname=DBNAME 备份连接的数据库名称

-h, --host=HOSTNAME 备份连接的数据库的 IP

-p, --port=PORT 备份连接的数据库的端口

-U, --username=USERNAME 备份连接数据库的用户

-w, --no-password 备份不需要输入用户密码

-W, --password 强制输入用户密码

-b, --backup-mode=MODE 备份模式 full, incremental, archive

-X, --with-arclog 全备或增备模式时，是否同时备份 wal 日志

-Z, --compress-data 备份数据是否压缩

-C, --smooth-checkpoint 是否执行 smooth checkpoint

-F, --full-backup-on-error 增备模式时，当前时间线没有找到合适的全备备份，将此次备份转为全备备份

--standby-host=HOSTNAME 从备机备份时，备机的 IP

--standby-port=PORT 从备机备份时，备机的端口

命令用途：

备份命令成功执行后，会在 -B 指定的目录下形成备份集目录。

（3）hg_rman 块恢复命令

命令格式：

hg_rman OPTION blockrecover

此处 OPTION 支持的参数如下：

-d, --dbname=DBNAME 块恢复连接的数据库名称

-h, --host=HOSTNAME 块恢复连接的数据库的 IP

-p, --port=PORT 块恢复连接的数据库的端口

-U, --username=USERNAME 块恢复连接数据库的用户

-w, --no-password 块恢复时不需要用户密码

-W, --password 块恢复时强制输入用户密码

--datafile=spcid/dbid/relnode 需要执行块恢复的 relfilenode

--block=nnn[,nnn,mmm] 需要执行恢复的块号，一次至多恢复 10 个块

命令用途：

如果硬盘上的一个块发生损坏，在备份集和 wal 日志完备的情况下，可以在线执行损坏块的恢复。

（4）hg_rman 恢复命令

命令格式：

hg_rman OPTION restore

此处 OPTION 支持的参数如下：

-D, --pgdata=PATH 数据库恢复到的目录

-A, --arclog-path=PATH 归档目录

--recovery-target-time 恢复到的时间点

--target-database 指定库恢复

--recovery-target-xid 恢复到的 xid

--recovery-target-inclusive 是否包含条件项

--recovery-target-timeline 恢复到的目标时间线

（5）hg_rman show 命令

命令格式：

```
hg_rman OPTION show [backup BK_key]
hg_rman OPTION show detail [backup BK_key]
```

此处 OPTION 支持的参数如下：

-a, --show-all 状态为 deleted 的备份集也可显示

命令用途：

将备份集列出。

（6）hg_rman validate 命令

命令格式：

```
hg_rman OPTION validate backup BK_key
```

此处 OPTION 支持的参数如下：

无

命令用途：

校验指定备份集。

（7）hg_rman 删除命令

命令格式：

```
hg_rman OPTION delete backup BK_key
hg_rman OPTION delete arclog
```

此处 OPTION 支持的参数如下：

-n, --noprompt 删除时无需确认

--keep-data-generations=NUM （保留策略）保留全备的数量，仅 delete backup 使用

--keep-data-days=NUM （保留策略）备份保留的天数，仅 delete backup 使用

--keep-arclog-files=NUM （保留策略）保留归档文件的数量，仅 delete arclog 使用

--keep-arclog-days=DAY （保留策略）归档文件保存的天数，仅 delete arclog 使用

命令用途：

删除备份集、删除归档目录里的 wal 日志。

（8）hg_rman catalog 命令

命令格式：

hg_rman OPTION catalog [backup BK_key_TAG]

此处 OPTION 支持的参数如下：

--pgdata 在 rebuild 时需要指定 pgdata

--upgrade 备份 catalog 升级

--rebuild 重建备份 catalog

命令用途：

1. 将一个备份集添加到备份 catalog 中，示例 hg_rman catalog backup 20_TAG20180529T104452。

2. 备份 catalog 升级，示例 hg_rman catalog --upgrade 。

3. 重建备份 catalog，示例 hg_rman catalog -D pgdatapath --rebuild。

（9）hg_rman purge 命令

命令格式：

hg_rman OPTION purge

purge 命令支持的 OPTION 参数如下：

无

命令用途：

将被标记为删除的备份集彻底删除。

（10）hg_rman config 命令

命令格式：

hg_rman OPTION config

config 命令支持的 OPTION 参数如下：

--list 列出配置项，此参数只能从命令行指定命令用途：

列出配置项。

示例：

1. 备份

全备

hg_rman –h 127.0.0.1 –d highgo –p 5866 –U highgo –b full backup

全备指定备份路径

hg_rman –h 127.0.0.1 –d highgo –p 5866 –U highgo –b full –B /tmp backup

全备包含归档

hg_rman –h 127.0.0.1 –d highgo –p 5866 –U highgo –b full –X backup

增量备份

hg_rman –h 127.0.0.1 –d highgo –p 5866 –U highgo –b incremental backup

归档备份

hg_rman –h 127.0.0.1 –d highgo –p 5866 –U highgo –b archive backup

2. 恢复

hg_rman ––recovery–target–time='2020–09–30 16:15:16' restore

3. 块恢复

hg_rman ––datafile=1663/13899/16434 ––block=0 blockrecove

4. 块追踪

参数配置（ $PGDATA/postgresql.conf ）

Block change tracking

#hg_db_block_change_tracking = off # 块追踪开关

#hg_db_bct_file_buffers = 32MB # min 128kB,BCT 文件使用的 sharebuffer 大小

#hg_db_bct_cache_size = 128MB # min 800kB, BCT 运行过程中所需的 sharebuffer

#bctwriter_delay = 200ms # 10–10000ms between rounds,BctWriter 进程转化块信息 & 写入磁盘的时间间隔

开启块追踪

alter system set hg_db_block_change_tracking = on;

第9章
详谈 WAL 文件

WAL 文件是数据库中非常重要的文件。WAL 文件保证了数据库的可靠性，提高了数据库性能，支撑了数据库恢复功能。本章节将详细的介绍和探讨 WAL 及 WAL 段文件。

9.1 WAL 概述

WAL（Write Ahead Log），在数据库中指事务日志。数据库使用 WAL 日志是有必要的，数据库的可靠性对于系统至关重要，数据库需要尽一切可能来保证可靠的操作。向计算机的永久存储区（如磁盘驱动器）成功写入数据通常可以满足这个要求。但是，因为磁盘驱动器比内存和 CPU 要慢很多，在计算机的内存和磁盘盘片之间存在多层的高速缓存。在操作系统缓存向存储硬件写入数据的时候，它没有什么好办法来保证数据真正到达非易失的存储区域。如，断电崩溃后，缓存中未写入磁盘的数据将会丢失。

预写式日志（WAL）是保证数据完整性的一种标准方法。WAL 要求数据文件（存储着表和索引）的修改必须在这些动作被日志记录之后才被写入，即在日志记录被刷到持久存储以后。这样，我们不需要在每个事务提交时刷写数据页面到磁盘，因为我们知道在发生崩溃时可以使用日志来恢复数据库。任何还没有被应用到数据页面的改变可以根据其日志记录重做（这是前滚恢复，也被称为 REDO）。

另外一个数据丢失的风险来自磁盘盘片写操作自身。磁盘盘片会被分割为扇区，通常每个扇区 512 字节。每次物理读写都对整个扇区进行操作。当一个写操作到达磁盘的时候，它可能是 512 字节（数据库通常一次写 8192 字节或者 16 个扇区）的某个倍数，而写入处理在任何时候都可能因为停电而失败，这意味着某些 512 字节的扇区写入了，而有些没有。为了避免这样的失败，数据库在修改磁盘上的实际页面之前，将有周期性地把整个页面的映像写入永久 WAL 存储，称为整页写（full_page_writes）。这么做后，在崩溃恢复的时候，数据库可以从 WAL 恢复部分写入的页面。如果你的文件系统阻止部分页面写入（如 ZFS），你可以通过关闭 full_page_writes 参数来关闭这种页映像。

使用 WAL 日志的优点：

● 使用 WAL 可以显著降低磁盘的写次数，提高性能。

● 日志文件被按照顺序写入，因此同步日志的代价要远低于刷写数据页面的代价。

● 日志是批量写的，日志文件的一个 fsync 可以提交很多事务。

● WAL 也使得在线备份和时间点恢复能被支持。

● full_page_writes 可修复块损坏。

9.2 异步提交

WAL 日志可以保证数据库的可靠性。为了提高数据库的性能，也可以使用异步提交。异步提交是一个允许事务能更快完成的选项，代价是在数据库崩溃时最近的事务会丢失。

如前文所述，事务提交通常是同步的：服务器等到事务的 WAL 记录被刷写到持久存储之后才向客户端返回成功指示。因此客户端可以确保那些报告已被提交的事务会被保存。但是，对于短事务来说这种延迟是其总执行时间的主要部分。选择异步提交模式意味着服务器将在事务被逻辑上提交后立刻返回成功，而此时由它生成的 WAL 记录还没有被真正地写到磁盘上。这将为小型事务的性能产生显著的提升。

异步提交会带来数据丢失的风险。在向客户端报告事务完成到事务真正被提交之间有一个短的时间窗口。如果数据库在异步提交和事务 WAL 记录写入之间的风险窗口期间崩溃，在该事务期间所做的修改将丢失。风险窗口的持续时间是有限制的，因为一个后台进程（"WAL 写进程"）每 wal_writer_delay 毫秒会把未写入的 WAL 记录刷写到磁盘。

选择何种提交模式，我们需要在性能和事务持久性之间进行权衡。提交模式由用户可设置的参数 synchronous_commit 控制。在很多场景下，异步提交可以提供类似关闭 fsync 带来的性能提升，但异步提交并没有数据损坏的风险。

9.3 WAL 数据

为了保证系统可靠性，数据库将所有修改保存成历史数据，并写入持久化存储。这份历史数据被称为 WAL 数据。当数据库发生插入、删除、提交等变更动作时，数据库会将

WAL 记录写入 wal 缓冲区。当事务提交或终止时，它们会被写入持久化存储的 WAL 段文件中。

日志序列号（Log Sequence Number, LSN）标识了该记录在 WAL 日志中的位置。其中检查点启动时，它会向 WAL 段文件写入一条 WAL 记录。这条记录包含最新重做点的位置。这条记录分配了唯一的标识符 LSN，这也是重做的起始点。

数据库进入恢复模式时，从 redo point 开始，依序读取 wal 段文件，重放 wal 数据。将数据库恢复至崩溃前的状态。

9.4 WAL 记录的写入

WAL 记录被缓存在 wal 缓冲区，需要尽快写入持久化存储文件。

如果出现以下情况之一，WAL 缓冲区上的所有 WAL 记录都会写入 WAL 段文件，而不管它们的事务是否已提交：

1. 一个正在运行的事务已经提交或已经中止；

2.WAL 缓冲区已经写满 (wal_buffers)；

3.WAL 编写器进程定期写入 (wal_writer_delay)；

注意，除了 DML 操作会写 WAL 外，COMMIT、checkpoint 操作都会产生相应的 WAL 记录。

WAL 写入操作是由一个后台进程 WAL wirter 完成的。WAL writer 后台进程，用于定期检查 WAL 缓冲区，并将所有未写入的 WAL 记录写入 WAL 段。此过程的目的是避免 WAL 记录的突发写入。如果此过程尚未启用，那么当一次提交大量数据时，WAL 记录的写入可能成为瓶颈。

WAL writer 默认启用，不能被禁用。检查间隔由配置参数 wal_writer_delay 设置，默认值为 200 毫秒。

9.5 WAL 段

数据库日志默认被划分成大小为 16MB 的文件，这些文件被称为 WAL 段。从瀚高安全版数据库系统 V4.5 开始在 initdb 时，可通过 --wal-segsize 来配置 wal 段文件大小。段文件名由 24 个 16 进制数组成，有一定的命名规则。

第一个段文件是 000000010000000000000001，第一个段文件写满后，创建第二个段文件 000000010000000000000002。后续文件使用升序。0000000100000000000000FF 满后，

下一个文件为 00000001000000010000000。每当两位数字进位时，中间 8 位数字加 1。
0000000100000001000000FF，之后就是 000000010000000200000000。

段文件前 8 个 16 进制部分为时间线标识，0x00000001，时间线发生变化时，可通过
此部分标识。

通过函数 pg_walfile_name，可以找出包含特定 LSN 的 wal 段文件。

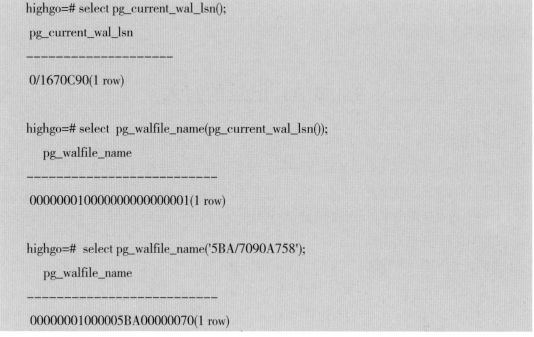

```
highgo=# select pg_current_wal_lsn();
 pg_current_wal_lsn
--------------------
 0/1670C90(1 row)


highgo=# select  pg_walfile_name(pg_current_wal_lsn());
    pg_walfile_name
-------------------------
 000000010000000000000001(1 row)


highgo=#  select pg_walfile_name('5BA/7090A758');
    pg_walfile_name
-------------------------
 00000001000005BA00000070(1 row)
```

转换发现此 lsn 5BA/7090A758 位于 wal 日志 00000001000005BA00000070 中：

```
ls –atl *00000001000005BA00000070*
–rw-------- 1 postgres   postgres 16777216 8 月   8 19:49 00000001000005BA00000070
```

9.5.1 WAL 段文件管理

当段文件写满后，就需要切换到下一个，以继续存储 wal 更改。出现以下情况下，段
文件会发生切换：

● wal 段已经被填满。

●调用函数 pg_switch_wal()。

●启用了 archive_mode，且已经超过 archive_timeout 配置的时间。

●调用在线备份。

这些段文件存储在 pg_wal 目录中，随着不断切换，这些段文件会不断增加，但无需
担心，数据库会自动管理这些文件。

通常情况下，pg_wal 目录中的 WAL 段文件数量取决于 min_wal_size、max_wal_size 以

及在之前的检查点周期中产生的 WAL 数量。当旧的 WAL 段文件不需要时，它们就会被移除或者再利用（重命名）。当 WAL 段文件大小超过 max_wal_size，则将启动检查点，不需要的段文件将被删除直到低于该限制。当 WAL 段文件低于 max_wal_size，段文件会被循环覆盖重用。min_wal_size 则对未来使用的 WAL 文件数量设置了一个最小值。

WAL 空间使用情况如下：

1. 如果日志量大于 max_wal_size，则 WAL 日志空间尽量保持在 max_wal_size。因为会触发检查点，不需要的段文件将被移除直到系统回到这个限制以下。

2. 如果日志量小于 max_wal_size，则 WAL 日志空间至少保持 min_wal_size。

3. 通常情况下，WAL 日志空间大小在 min_wal_size 和 max_wal_size 之间动态评估。该评估基于在以前的检查点周期中使用的 WAL 文件数的动态平均值。

不管怎样，max_wal_size 从来不是一个硬限制，因此应该留出充足的空间来避免耗尽磁盘空间。

影响 wal 段文件数据量的因素有：

● 独立于 max_wal_size 之外，wal_keep_size（MB）+ 1 个最近的 WAL 文件将总是被保留。

● 启用了 WAL 归档，旧的段在被归档之前不能被移除或者再利用。

● 启用了复制槽功能，如果备节点的应用速度较慢或备机宕机，也会造成主节点的 WAL 不能及时删除或重用。

● checkpoing 未完成。

● 长事务未提交。

9.5.2 持续归档与归档日志

持续归档 Continue Archiving 是一种功能，可在 WAL 段切换时将 WAL 段文件复制到归档区域，并由归档（后台）进程执行，复制的文件称为归档日志 archive log。

归档区域的路径设置通过配置参数 archive_command。

```
archive_command='cp %p /home/highgo/arch/%f'
```

这里 %p 是被复制的 wal 段文件的路径和占位符，%f 是归档日志文件的占位符。archive_command 可以使用任意的 unix 命令或程序。因此可以使用 scp 将日志发送到其他主机上。

数据库并不会清理归档日志。归档日志会随着时间推进而不断增加。必要时使用 pg_archivecleanup 工具进行归档的管理和清理。

使用 pg_archivecleanup 清理归档示例：

```
pg_controldata
```

Latest checkpoint location: 16/79FF5520

Latest checkpoint's REDO location: 16/79FF54E8

Latest checkpoint's REDO WAL file: 0000000100000160000001E

这里表示 16/79FF54E8 检查点已经执行，已经包含在 0000000100000160000001E 日志文件中，那么这个日志之前的日志是可以被清理的。

保留 000000010000001600000027 之后的日志：

pg_archivecleanup /opt/highgo/pg_root/pg_wal/ 000000010000001600000027

9.6 WAL 文件与 LSN

以上通过内置函数 pg_walfile_name 可知 wal 段文件。这里正是提供的 LSN 值。那么 WAL 文件与 LSN 有什么关系呢？

LSN 是一个指向 WAL 中的位置的指针。

在内部，一个 LSN 是一个 64 位整数，表示在预写式日志流中的一个字节位置。它被打印成两个最高 8 位的十六进制数，中间用斜线分隔，例如 16/B374D848。

LSN 由 3 部分组成 'X/YYZZZZZZ'：

* X 表示 WAL 段文件名的中间部分，一个或两个符号；

* YY 表示 WAL 文件名的最后一部分，一个或两个符号；

* ZZZZZZ 是表示文件名内偏移量的六个符号。

以上由一个 LSN 便可知 WAL 段文件。

如 LSN 0/D015DF8，我们可以假设 WAL 文件名的中间部分将是 0，最后一部分将是 D，两者都是零填充到 8 个符号，因此分别是 00000000 和 0000000D。它们串联在一起，为我们提供了一个以 00000000 0000000D 结尾的文件名。文件名的初始部分未知，初始部分代表服务器运行的时间线，在本例中为 1，将零填充为其他部分，因此 00000001 为我们提供了最终名称 0000000100000000000000D。

NAME	时间线	中间部分	最后部分	偏移量
LSN		0	D	015DF8
WAL	00000001	00000000	0000000D	89592

9.7 WAL 与数据库恢复

数据库的恢复功能基于 WAL 日志实现。数据库通过从重做点依序重放 WAL 段文件中的 WAL 记录来恢复数据库集群。

9.7.1 实例恢复

1. 读取控制文件，如果数据库启动前 state 是 in production，说明数据库未正常关闭。此时会进行实例恢复。

2. 读取控制文件，找到重做点位置也就是 Latest checkpoint's REDO Location 项。实例恢复从重做点开始，前滚 WAL 日志。

3. 恢复到 WAL 日志文件末尾。

9.7.2 物理恢复

1. 读取备份文件 backup_label，找到 checkpoint location，找到恢复重做点。

2. 读取恢复参数 restore_command、recovery_target_time。

3. 从重做点开始恢复 wal，恢复至日志文件末尾或指定时间点的日志。

第 10 章
并发控制原理

并发控制机制已经成为关系型数据库的标准配置，其保证了数据库事务的一致性和隔离性，增加了数据库并发能力，是数据库运行的基本支撑。

10.1 并发控制介绍

数据库的一大特点是能够实现并发操作，即数据库中同时运行多个事务。并发控制描述了数据库系统在多个会话试图同时访问同一数据时的行为。这种情况的目标是为所有会话提供高效的访问，同时还要维护严格的数据完整性。

在内部，数据一致性（Consistency）通过使用一种多版本模型（多版本并发控制，MVCC，即 Multi-Version Concurrency Control）来维护。这意味着每个 sql 语句都只能看到自己对应的数据快照。这样可以保护语句不会看到可能由其他在相同数据行上执行更新的并发事务产生的数据。为每一个会话提供了事务隔离（Isolation）。

传统的事务理论采用锁机制来实现并发控制，但是锁机制会导致读写互斥锁，这种机制对并发访问的性能造成了极大的影响。使用 MVCC 并发控制模型，对查询（读）数据的锁请求与写数据的锁请求不冲突，所以读不会阻塞写，而写也从不阻塞读。到目前为止，绝大多数商用和开源数据库都已经全面支持多版本并发控制机制，多版本并发控制机制也已经成为关系型数据库的标准配置。

10.2 事务隔离

并发过程中会出现以下现象：

1. 脏读

一个事务读取了另一个并行未提交事务写入的数据。

2. 不可重复读

一个事务重新读取之前读取过的数据，发现该数据已经被另一个事务（在初始读之后提交）修改。

3. 幻读

一个事务重新执行符合一个搜索条件的查询，返回的行集合不一致，发现满足条件的行集合因为另一个最近提交的事务而发生了改变。

4. 序列化异常

成功提交一组事务的结果与这些事务所有可能的串行执行结果都不一致。

数据库会使用一种并发控制技术来实现并发控制。如 HGDB/Oracle 使用 MVCC 技术，并发控制技术可以避免以上三种异常情况，即并发控制技术可以设置不同的隔离级别，从不同程度来解决这三种异常情况。

事务与事务隔离是现代关系型数据库的重要基础，通过所需要的事务隔离级别，来确保应用系统读取到的数据是符合业务逻辑的。事务隔离级别包含 read uncommitted（level 0，脏读）、read committed（level 1，提交读）、repeatable read（level 2，可重复读）、serializable（level 3，串行化）。其中脏读可以读取任何脏数据，因此不需要任何锁或者其他并发控制机制支持，并发性最好，串行化强制事务串行执行，并发能力最弱。提交读，即 Read committed 也叫一致性读，是目前在线联机事务（OLTP）系统中最为常见的事务隔离级别。隔离级别越高，并发越差；隔离级别越低，并发越高。

隔离级别：

隔离级别	脏读	不可重复读	幻读	序列化异常
读未提交	允许，HGDB 不支持	可能	可能	可能
读已提交	不可能	可能	可能	可能
可重复读	不可能	不可能	允许，HGDB 不支持	可能
可序列化	不可能	不可能	不可能	不可能

在数据库中，你可以请求四种标准事务隔离级别中的任意一种，但是内部只实现了三种不同的隔离级别，即 HGDB 的读未提交模式的行为和读已提交相同。

要设置一个事务的事务隔离级别，使用 SET TRANSACTION 命令。

查看事务隔离级别：

```
test=> SELECT name, setting FROM pg_settings WHERE name ='default_transaction_
```

```
isolation';
    name      |   setting
---------------------------------+-----------------
 default_transaction_isolation | read committed
(1 row)
```

修改事务隔离级别：

```
alter system set default_transaction_isolation to 'REPEATABLE READ';    -- 修改全局事务
隔离级别
    SELECT current_setting('transaction_isolation');    -- 查看当前会话事务隔离级别
    SET SESSION CHARACTERISTICS AS TRANSACTION ISOLATION LEVEL READ UNCO
MMITTED;    -- 修改当前会话事务隔离级别
    START TRANSACTION ISOLATION LEVEL READ UNCOMMITTED; -- 设置当前事务的
事务隔离级别
```

10.3 锁模式

数据库提供了多种锁模式用于控制对表中数据的并发访问。

10.3.1 表级锁

表可以被并发读取，如果在表上同时存在读写呢，并发会冲突吗？

表级锁，就是它的字面意思，在表级进行锁定。表级锁共有 8 种，对并发进行细粒度控制。不同的表锁之间可能并存也可能冲突。详细表锁介绍如下：

ACCESS SHARE

与 ACCESS EXCLUSIVE 锁模式冲突。表上的查询都会获得这种锁模式。

ROW SHARE

与 EXCLUSIVE 和 ACCESS EXCLUSIVE 锁模式冲突。SELECT FOR UPDATE 和 SELECT FOR SHARE 命令在目标表上取得一个这种模式的锁。

ROW EXCLUSIVE

与 SHARE、SHARE ROW EXCLUSIVE、EXCLUSIVE 和 ACCESS EXCLUSIVE 锁模式冲突。DML 命令 UPDATE、DELETE 和 INSERT 在目标表上取得这种锁模式。

SHARE UPDATE EXCLUSIVE

与 SHARE UPDATE EXCLUSIVE、SHARE、SHARE ROW EXCLUSIVE、EXCLUSIVE

和 ACCESS EXCLUSIVE 锁模式冲突。这种模式保护一个表不受并发模式改变和 VACUUM 运行的影响。

SHARE

与 ROW EXCLUSIVE、SHARE UPDATE EXCLUSIVE、SHARE ROW EXCLUSIVE、EXCLUSIVE 和 ACCESS EXCLUSIVE 锁模式冲突。这种模式保护一个表不受并发数据改变的影响。由 CREATE INDEX（不带 CONCURRENTLY）取得。

SHARE ROW EXCLUSIVE

与 ROW EXCLUSIVE、SHARE UPDATE EXCLUSIVE、SHARE、SHARE ROW EXCLUSIVE、EXCLUSIVE 和 ACCESS EXCLUSIVE 锁模式冲突。这种模式保护一个表不受并发数据修改所影响，并且是自排他的，这样在一个时刻只能有一个会话持有它。由 CREATE COLLATION、CREATE TRIGGER 和很多 ALTER TABLE 语句获得。

EXCLUSIVE

与 ROW SHARE、ROW EXCLUSIVE、SHARE UPDATE EXCLUSIVE、SHARE、SHARE ROW EXCLUSIVE、EXCLUSIVE 和 ACCESS EXCLUSIVE 锁模式冲突。这种模式只允许并发的 ACCESS SHARE 锁，即只有来自表的读操作可以与一个持有该锁模式的事务并行处理。由 REFRESH MATERIALIZED VIEW CONCURRENTLY 获得。

ACCESS EXCLUSIVE

与所有模式的锁冲突（ACCESS SHARE、ROW SHARE、ROW EXCLUSIVE、SHARE UPDATE EXCLUSIVE、SHARE、SHARE ROW EXCLUSIVE、EXCLUSIVE 和 ACCESS EXCLUSIVE）。这种模式保证持有者是访问该表的唯一事务。由 ALTER TABLE、DROP TABLE、TRUNCATE、REINDEX、CLUSTER、VACUUM FULL 和 REFRESH MATERIALIZED VIEW（不带 CONCURRENTLY）命令获取。ALTER TABLE 的很多形式也在这个层面上获得锁（见 ALTER TABLE）。这也是未显式指定模式的 LOCK TABLE 命令的默认锁模式。

一旦被获取，一个锁通常将被持有直到事务结束。ROLLBACK 取消事务后，锁资源会被释放。

示例：

```
create table t_lock(id integer primary key);insert into t_lock values(1),(2);

session 1:
begin;alter table t_lock add column name text;
```

```
session 2:
begin;insert into t_lock values (3);


session 3
postgres=# select pc.relname,pl.pid,pl.mode,pl.granted,psa.usename,psa.wait_event_type,psa.
wait_event,psa.state,psa.query from pg_locks pl inner join pg_stat_activity psa on pl.pid = psa.pid
inner join pg_class pc on pl.relation=pc.oid and pc.relname not like 'pg_%';
 relname | pid |         mode         | granted | usename | wait_
event_type | wait_event |     state      |                      que
ry---------+-----+----------------------+---------+---------+----------+------------
 t_lock  | 373 | RowExclusiveLock     | f       | postgres | Lock     | relation | active   |
insert into t_lock values (3);
 t_lock  | 326 | AccessExclusiveLock | t       | postgres | Client   | ClientRead | idle in
transaction | alter table t_lock add column name text;(2 rows)
```

10.3.2 行锁模式

在同一个表上操作会有冲突，在同一行上操作呢？

多个事务在相同的行上操作也可能会形成锁冲突。但是行级锁不影响数据查询操作。

FOR UPDATE

FOR UPDATE 会导致由 SELECT 语句检索到的行被锁定，就好像它们要被更新。任何在一行上的 DELETE 命令也会获得 FOR UPDATE 锁模式，在某些列上修改值的 UPDATE 也会获得该锁模式。

FOR NO KEY UPDATE

行为与 FOR UPDATE 类似，不过获得的锁较弱：这种锁将不会阻塞尝试在相同行上获得锁的 SELECT FOR KEY SHARE 命令。任何不获取 FOR UPDATE 锁的 UPDATE 也会获得这种锁模式。

FOR SHARE

行为与 FOR NO KEY UPDATE 类似，不过它在每个检索到的行上获得一个共享锁而不是排他锁。一个共享锁会阻塞其他事务在这些行上执行 UPDATE、DELETE、SELECT FOR UPDATE 或者 SELECT FOR NO KEY UPDATE，但是它不会阻止它们执行 SELECT FOR SHARE 或者 SELECT FOR KEY SHARE。

FOR KEY SHARE

行为与 FOR SHARE 类似，不过锁较弱：SELECT FOR UPDATE 会被阻塞，但是 SELECT FOR NO KEY UPDATE 不会被阻塞。一个键共享锁会阻塞其他事务执行修改键值的 DELETE 或者 UPDATE，但不会阻塞其他 UPDATE，也不会阻止 SELECT FOR NO KEY UPDATE、SELECT FOR SHARE 或者 SELECT FOR KEY SHARE。

示例：

```
create table t_lock(id integer primary key);insert into t_lock values(1),(2);
session 1:
begin;
select * from t_lock where id=1 for update;


session 2
begin;
update t_lock set id=100 where id=1;


session 3
postgres=# select pc.relname,pl.pid,pl.mode,pl.granted,psa.usename,psa.wait_event_type,psa.
wait_event,psa.state,psa.query from pg_locks pl inner join pg_stat_activity psa on pl.pid = psa.pid
inner join pg_class pc on pl.relation=pc.oid and pc.relname not like 'pg_%';
     relname    | pid |        mode         | granted | usename | wait_event_type | wait_event  |
state    |         query
---------------+-----+---------------------+---------+---------+-----------------+-----------+--

    t_lock_pkey | 373 | RowExclusiveLock    | t       | postgres | Lock           | transactionid | active
| update t_lock set id=100 where id=1;
    t_lock      | 373 | RowExclusiveLock    | t       | postgres | Lock           | transactionid | active
| update t_lock set id=100 where id=1;
    t_lock_pkey | 467 | RowShareLock        | t       | postgres | Client         | ClientRead  | idle in
transaction | select * from t_lock where id=1 forupdate;
    t_lock      | 467 | RowShareLock        | t       | postgres | Client         | ClientRead  | idle in
transaction | select * from t_lock where id=1 forupdate;
    t_lock      | 373 | AccessExclusiveLock | t       | postgres | Lock           | transactionid | active
| update t_lock set id=100 where id=1;(5 rows)
```

10.3.3 死锁 (deadlock)

锁的使用过程中，可能会造成死锁，死锁是指两个（或多个）事务相互持有对方想要的资源。HGDB 能够自动检测到死锁情况并且会通过中断其中一个事务从而允许其他事务完成来解决这个问题。

示例：

```
create table t_lock(id integer primary key);
insert into t_lock values(1),(2);
create table t_deadlock(id integer primary key);
insert into t_deadlock values(1),(2);


session 1:
begin;
update t_lock set id=100 where id=1;


session 2
begin;
update t_deadlock set id=200 where id=1;
update t_lock set id=200 where id=1;


session 1
update t_deadlock set id=100 where id=1;
```

错误日志：
```
ERROR:  deadlock detected
DETAIL:  Process 558 waits for ShareLock on transaction 532; blocked by process 560.
Process 560 waits for ShareLock on transaction 530; blocked by process 558.
HINT:  See server log for query details.
CONTEXT:  while updating tuple (0,1) in relation "t_deadlock"
```

防止死锁的最好方法通常是保证所有使用一个数据库的应用在逻辑上以一致的顺序在多个对象上获得锁，从而避免死锁的产生。

第11章
流复制

流复制分为物理流复制和逻辑流复制。本章节主要介绍物理流复制。逻辑流复制内容详见第十二章"逻辑复制"章节。在本章中如无特殊说明，"流复制"均指代"物理流复制"。

11.1 什么是流复制

瀚高数据库管理系统支持一种物理复制技术，通过这种技术，可以从实例级复制出一个与主库一模一样的备库，通常将这种技术称之为流复制（Streaming replication）。

使用流复制主要有两种场景：提高数据库可用性和扩展性。前者是通过流复制搭建一台物理流复制备库，当主服务器宕机了，可以通过备用服务器快速地接管并继续提供服务；后者是应用初期访问量比较低，单台机器可以支撑业务的正常运行，后期用户增多访问量增大后，可以通过分离部分的读业务至备库，来保障业务的快速响应。

流复制同步方式有同步、异步两种，当主备压力较低、网络流量正常的情况下，通常异步模式下主备库之间的延迟时间也可以控制在毫秒级。

流复制有以下几个特点：

1. 流复制是基于 WAL 日志文件的物理复制，其核心原理是主库将 WAL 日志通过 replication 协议发送给备库，备库接收到 WAL 日志流后进行重做。

2. 流复制只能在实例级进行复制，无法在表级、单库级进行复制。

3. 流复制会对 DDL 操作进行复制，比如主库上增删改表都会自动同步到备库。

4. 流复制主库可读写，备库只读。

5. 流复制要求主备库版本必须一致。

6. 流复制不对 postgresql.conf、pg_hba.conf 等配置文件中的内容进行同步，因为这些信息的变动不在 WAL 日志中体现。

11.2 名词解释

主节点：指流复制环境中源端节点。

主库：指流复制环境中源端节点上的瀚高数据库。

备节点：指流复制环境中目标端节点。

备库：指流复制环境中目标端节点上的瀚高数据库，它源源不断地重做主库的数据变更。

11.3 流复制架构流程

流复制完整流转过程如图所示：

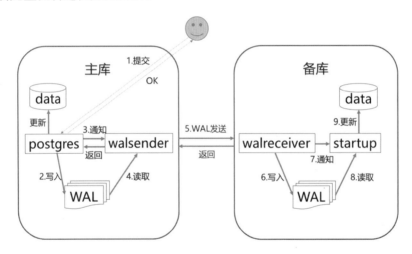

1. 用户发起提交操作。

2. 主库主进程将该操作写入 WAL 日志。

3. 主库主进程将通知信息发送给 walsender 进程。

4. 主库 walsender 进程从 wal 中获取数据信息。

5. 主库 walsender 进程将 wal 信息发送给备库的 walreceiver 进程。

6. 备库 walreceiver 进程接收到主库 walsender 进程发送的 wal 信息，开始写入 wal buffer，并向主库 walsender 进程传回一个确认信息。之后将 wal buffer 写入 WAL，并再次向主库 walsender 进程传回一个确认信息。

7. 备库 walreceiver 进程向 startup 进程发送通知。

8-9. 备库 startup 进程接收到 walreceiver 进程发送的通知后，读取相关 wal 信息写入 db buffer，并再次向主库 walsender 进程传回一个确认信息。

11.4 搭建异步流复制

首先确保各个节点都已安装完毕数据库软件。

节点 IP 信息示例如下：

主节点	192.168.0.1
备节点	192.168.0.2

搭建过程在每个节点的操作不同，下面分别进行介绍。

11.4.1 主节点配置

在 initdb 初始化完毕，数据库可以正常启动后，进行如下配置。

1. 参数配置。

需要在 postgresql.conf 中设置好如下配置项。

```
listen_addresses = '*'
checkpoint_completion_target = 0.8
logging_collector = on
log_directory = 'hgdb_log'
log_filename = 'highgodb-%a.log'
log_rotation_age = '1d'
log_rotation_size = 0
log_truncate_on_rotation = on
log_hostname = on
log_statement = 'ddl'
checkpoint_timeout='30min'
wal_log_hints=on
full_page_writes=on
```

必要的情况下还要开启归档日志模式。

```
archive_mode = on
archive_command = 'cp %p /hgdbbak/archive/%f'
```

2. 创建专用于流复制的用户，也可以使用数据库的 superuser 用户。

CREATE USER repuser REPLICATION PASSWORD 'repuser';

3.pg_hba.conf 设置，添加如下条目。

适用于 md5 认证

host replication repuser 0.0.0.0/0 md5

或

host replication all 0.0.0.0/0 md5

适用于 sm3 加密

host replication repuser 0.0.0.0/0 sm3

或

host replication all 0.0.0.0/0 sm3

4. 重启数据库使上述配置生效。

11.4.2 备节点配置

1. 获取全量数据

pg_basebackup –D $PGDATA –h 192.168.0.1 –c fast –Xs –R –v

2. 启动数据库服务

11.5 同步流复制

按照上一节内容搭建的流复制为异步流复制，异步流复制不需要备库确认接收 WAL 信息，主库就可以完成提交操作。如果主库发生损坏，可能就会存在一些在主库已经提交的事务因延迟未发送到备库，导致备库丢失该部分数据的情况。

为了避免此情况，瀚高数据库管理系统提供同步流复制的功能。配置为同步流复制，就需要备库至少需要接收 WAL 信息后主库就可以完成提交操作。

下面针对具体的配置参数进行介绍。

11.5.1 备库配置

因为主库需要通过备库的相关标识来控制是否是同步模式，因此各备库需指定各自的标识。方法有两种：在备库设置 cluster_name 参数，或者在 primary_conninfo 中设置 application_name。

例如修改 192.168.0.2 的 postgresql.conf 文件中的 cluster_name 参数。

```
cluster_name = 'standby1'
```

或者修改 postgresql.auto.conf 文件中的 primary_conninfo 参数，例如从

```
primary_conninfo = 'host=192.168.0.1 user=sysdba password=12345678 port=5866
sslmode=prefer  sslcompression=0 gssencmode=disable target_session_attrs=any'
```

改为

```
primary_conninfo = 'host=192.168.0.1 user=sysdba password=12345678 port=5866
sslmode=prefer  sslcompression=0 gssencmode=disable target_session_attrs=any application_
name=standby1'
```

注：上述内容为 1 行。

11.5.2 synchronous_standby_names

通过设置 synchronous_standby_names 可以指定要进行同步流复制的备机。

我们假定目前是一主四备，四个备机的 application_name 分别为 s1，s2，s3，s4。下面我们将针对不同的设置方法进行说明。

1. synchronous_standby_names='*'

这将保证四个备机中至少一个是同步，因为 s1 出现在列表前部，此时会优先选择 s1 作为同步备库，当 s1 故障后，s2 将作为同步备机；s1 恢复后，s2 将变为异步，s1 恢复为同步。这种方法等效于 synchronous_standby_names='first 1 (s1,s2,s3,s4)'。

2. synchronous_standby_names='first 1 (s1,s2,s3)'

这将保证 s1—s3 三个备机中至少一个是同步，因为 s1 出现在列表前部，此时会优先选择 s1 作为同步备库，当 s1 故障后，s2 将作为同步备机；s1 恢复后，s2 将变为异步，s1 恢复为同步。这种情况下 s4 永远不会作为同步备库，当同步数量为 1 时等效于 synchronous_standby_names='s1,s2,s3'。

3. synchronous_standby_names='any 1 (s1,s2,s3)'

这将保证 s1—s3 三个备机中至少一个是同步，其中 s1、s2、s3 均有可能是同步。这种情况下 s4 永远不会作为同步备库。

注：first 和 any 关键字大小写不敏感，写为大写形式或小写形式均可被识别，不指定关键字默认为 first。

11.5.3 synchronous_commit

通过设置 synchronous_commit 可以控制事务提交级别。该参数可以设置为 remote_apply、on、remote_write、local 和 off。默认是 on。

对于流复制环境，同步等级可参考下表。

同步等级	设定值	概述
同步	remote_apply	在备库上应用WAL（更新数据）后，它将返回 COMMIT 响应，并且可以在备库上进行应用。由于完全保证了数据同步，因此它适合需要备库始终保持最新数据的负载分配场景。
同步	on（默认）	在备库上写入 WAL 之后，返回 COMMIT 响应。性能和可靠性之间的最佳平衡。
准同步	remote_write	WAL 已传输到备库后，返回 COMMIT 响应。
异步	local	写入主库 WAL 之后，返回 COMMIT 响应。
异步	off	返回 COMMIT 响应，而无需等待主库 WAL 完成写入。

11.6 延迟备库

通过搭建延迟备库，可以更快地在误删数据时进行恢复，节省额外的备份开销及一些数据库问题的研究。

通过在备库的参数文件中设置 recovery_min_apply_delay 来达到延迟备库的目的。

例如，如果设置这个参数为 30min，对于一个事务提交，只有当备机上的系统时间超过主库提交时间至少 30 分钟时，备机才会重放该事务。 如果指定的值没有单位，则以毫秒为单位。该参数默认为 0，即不增加延迟。

注：刚配置同步流复制备库且 synchronous_commit 参数设为 remote_apply 时，那该节点不要配置延迟备库，否则主库发起的每个提交，均需要至少等待 recovery_min_apply_delay 参数设置之后才能提交，影响应用正常运行。

11.7 查询流复制状态

11.7.1 流复制状态

在主库通过查询 pg_stat_replication 视图可以获取到流复制的当前状态。

```
highgo=# select * from pg_stat_replication ;
-[ RECORD 1 ]----+------------------------------
```

```
pid              | 14743
usesysid         | 9999
usename          | sysdba
application_name | walreceiver
client_addr      |
client_hostname  |
client_port      | -1
backend_start    | 2021-05-31 15:58:08.344838+08
backend_xmin     |
state            | streaming
sent_lsn         | 0/91DDE60
write_lsn        | 0/91DDE60
flush_lsn        | 0/91DDE60
replay_lsn       | 0/91DDE60
write_lag        |
flush_lag        |
replay_lag       |
sync_priority    | 0
sync_state       | async
reply_time       | 2021-05-31 15:58:37.080127+08
```

视图的各列信息如下:

列名	描述
pid	walsender 进程的进程 ID。
usesysid	walsender 进程的用户的 OID。
usename	walsender 进程的用户名。
application_name	连接到 walsender 进程的应用的名称。
client_addr	连接到 walsender 进程的客户端的 IP 地址。如果值为空,它表示该客户端通过 Unix 套接字连接。
client_hostname	当 log_hostname=on 时,显示连接到 walsender 进程的客户端的主机名,通过 Unix 套接字连接除外。
client_port	客户端用来与 walsender 进程通讯的 TCP 端口号,如果使用 Unix 套接字则为 -1。

续表

backend_start	发送进程开始的时间。
backend_xmin	当 hot_standby_feedback=on 时，显示备机的 xmin。
state	当前 walsender 进程状态。取值有： startup:walsender 进程正在启动。 catchup:walsender 进程连接的备机正在追赶主机。 streaming:walsender 进程正在用流传送更改。 backup:walsender 进程正在发送一个备份。 stopping:walsender 进程正在停止。
sent_lsn	发送的最后一个 WAL 的位置。
write_lsn	被备机写入系统的最后一个 WAL 的位置，此时还在缓存中。
flush_lsn	被备机刷入磁盘的最后一个 WAL 的位置。
replay_lsn	被重演到备库中的最后一个 WAL 的位置。
write_lag	主备延迟时间。如果这台备机是一个同步流复制备库，这可以用来计量 synchronous_commit=remote_write 所导致的延迟。
flush_lag	主备延迟时间。如果这台备机是一个同步流复制备库，这可以用来计量 synchronous_commit=on 所导致的延迟。
replay_lag	主备延迟时间。如果这台备机是一个同步流复制备库，这可以用来计量 synchronous_commit=remote_apply 所导致的延迟。
sync_priority	在一般的同步流复制中，这台备机被选为同步备库的优先级。在指定同步流复制数量时，这个值没有效果。
sync_state	这一台后备服务器的同步状态。取值有： async：异步的。 potential：当前是异步的，当其他同步备库失效时变成同步。 sync：同步的。 quorum：指定同步备库数量时的候选。
reply_time	从备库收到的最后一条回复信息的时间。

11.7.2 查询延迟

select pid,application_name,pg_wal_lsn_diff(sent_lsn, replay_lsn) as replay_delay from pg_stat_replication ;

第12章
逻辑复制

类似于流复制，逻辑复制也用于实现数据的同步，两者都是基于 WAL 日志实现，但又有一些区别。下面我们就来看一下逻辑复制的实现方式。

12.1 逻辑复制介绍

逻辑复制是从瀚高安全版数据库 V4 开始引入的新特性。逻辑复制是一种根据数据对象的复制标识（通常是主键）复制数据对象及其更改的方法。不同于物理复制，逻辑复制允许对数据复制和安全性进行细粒度控制，如实现部分表复制；同时逻辑备库支持读写操作。瀚高数据库可同时支持流复制和逻辑复制。

逻辑复制使用发布（publication）和订阅（subscription）模型，数据库中可以创建多个发布或订阅对象。一个订阅者可订阅多个发布。一个发布者也可以对应不同的订阅。订阅者从他们订阅的发布中提取数据，实现数据同步。订阅者也可以重新发布数据，以允许级联复制或更复杂的配置。

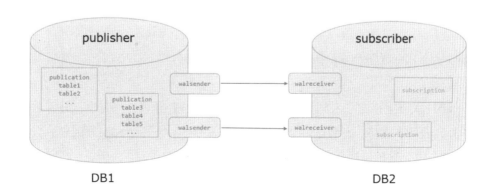

12.2 适用场景

基于逻辑复制实现方式，其能够适用于更广泛的场景。如下是一些典型场景应用：

● 单个数据库或部分表进行同步，可细粒度控制表及表上的 DML 操作。

● 数据集中，可将多个数据库的数据集中到一个数据库中。

● 数据分发，可将一个数据库的数据分发到多个数据库中。

● 跨大版本升级。

● 跨平台数据同步。

● 数据库中批量导入部分表。

12.3 发布和发布者

可以在任何物理复制主节点上定义发布，定义发布的节点称为发布者。发布是从一个表或者一组表生成的 change 的集合，也就是数据变化的集合。

● 发布可以选择 INSERT, UPDATE, DELETE 任意组合，默认是所有操作类型。

● 发布的表必须配置 "replica identity"，通常是主键。也可以是唯一索引，如果没有合适的 key 复制标识可以设置为 "full"，这意味着整个行是 key，但这样效率非常低。

● 发布者配置了 "replica identity"，订阅者也需要配置相同的复制标识。如果没有 "replica identity"，update、delete 会受到影响，但 insert 不会。

● 与发布相关的字典视图 pg_catalog.pg_publication。

注意，一个发布者可以有多个发布，但是要确保发布对象不重叠。

发布使用以下命令创建：

```
CREATE PUBLICATION
```

或者

```
CREATE PUBLICATION for table test_t1;
```

参数解释

● for table 关键字指定加入到发布的表列表，仅支持普通表，临时表，外部表，视图、物化视图分区表暂不支持，如果想将分区表添加到发布中，需逐个添加分区表分区到发布。

● for all tables 发布包括全库，包括之后新建的表。

表可以使用以下语句动态的添加和删除：

ALTER PUBLICATION NAME ADD TABLE/ DROP TABLE

12.4 订阅和订阅者

订阅是逻辑复制的下游端。定义订阅的节点称为订阅者。

●订阅者也可以作为发布者，级联发布。行为和发布者一样。

●每个订阅都需要一个 replication slot 接收数据变化（change），初始化数据时需要额外的临时复制槽。

注意：复制槽是在使用 CREATE SUBSCRIPTION 创建订阅时自动创建的，并且在使用 DROP SUBSCRIPTION 删除订阅时，复制槽也会自动被删除。特殊情况可以考虑将订阅与复制槽分开创建或删除。如果订阅被单独删除，复制槽应该被手动删除。否则它将会继续保留 WAL 并且最终可能会导致磁盘被填满。

●订阅被删除并且重建时，数据需要重新同步。

●模式对象的定义（schema）无法被复制，需要提前创建模式对象。

●发布的表结构必须在订阅端已存在，只能用于复制常规表，无法复制其他对象，如视图。

●发布和订阅的表名必须相同。

●列的名字必须相同，列顺序可以不同，但列类型必须相同，目标端可以有额外的列，它们将被默认值填充。

注意：一个订阅者可以有多个订阅，但是要确保订阅对象不重叠。

订阅使用以下的语句创建：

CREATE SUBSCRIPTION

订阅停止使用 / 重用可使用以下的语句：

ALTER SUBSCRIPTION

移除使用以下的语句：

DROP SUBSCRIPTION

12.5 冲突解决

同步的数据违反约束逻辑复制将会停止，这叫作冲突（conflict）。发生冲突时需要人工介入可以通过更改订阅服务器上的数据，使其不会与传入的更改冲突；也可跳过与现有数据冲突的事务。通过调用 pg_replication_origin_advance（）函数与订阅名称对应的 node_name 和位置，可以跳过该事务。

冲突解决方法：

1. 通过修改订阅端的数据，解决冲突。例如 insert 违反了唯一约束时，可以将订阅端造成唯一约束冲突的记录先 DELETE 掉。然后使用 ALTER SUBSCRIPTION name ENABLE 让订阅继续。

2. 在订阅端调用 pg_replication_origin_advance(node_name text, pos pg_lsn) 函数跳过事务。

pg_replication_origin_advance(node_name text, lsn pg_lsn)

● node_name 就是 subscription name。

● pos 指重新开始的 LSN。

查看当前数据的位置：

select * from pg_replication_origin_status;

12.6 使用限制

● 不支持复制数据库模式（schema）和 DDL 命令。

● 不支持复制序列。

● 瀚高安全版数据库系统 V4.5 及以上版本开始支持 truncate 操作。

● 不支持复制大型对象。

● 只能从基表复制到基表。

12.7 体系架构介绍

● 创建订阅（subscription）后，先在发布端初始化快照数据，订阅端接收完快照后，发布端会从快照的 LSN 开始同步数据库操作。

●发布端 walsender 进程从 WAL（REDO）日志中逻辑解码，此处会加载标准逻辑解码插件 pgoutput，pgoutput 把从 WAL 中读取的更改进行转换，根据发布定义的表以及过滤条件（INSERT\UPDATE\DELETE）过滤数据，按事务组装复制的数据。数据通过流复制协议传输到备端，apply 进程会按照事务的先后顺序应用更改到对应的表。

注意：瀚高数据库对逻辑复制初始化同步进行了增强，支持通过 wal receiver 协议结合 COPY 命令（已封装在逻辑复制的内核代码中），支持多表并行。也就是说，你可以使用瀚高数据库的逻辑复制，快速地（流式、并行）将一个实例迁移到另一个实例。

12.8 监控

●逻辑复制监控信息可以访问视图 pg_stat_subscription，每一个订阅（subcription）都有一条记录，一个订阅可能有多个订阅进程工作（active subscription workers）。

●逻辑复制使用的是流复制协议，与流复制监控类似，可查询视图 pg_stat_replication。

●复制源的重放进度可以在视图 pg_replication_origin_status 中看到，使用延迟复制时，需要查询此视图监控重放进度。

订阅节点执行以下语句，监控延迟：

```
 postgres=# select *,pg_wal_lsn_diff(latest_end_lsn,received_lsn) replay_delay from pg_stat_subscription;
–[ RECORD 1 ]–
–––––––––+––––––––––––––––––––––––––––
subid            | 16392
subname          | sub1
pid              | 1018
relid            |
received_lsn     | 1/1D000A70
last_msg_send_time    | 2019–06–17 10:49:14.346386+08
last_msg_receipt_time | 2019–06–17 10:49:14.354379+08
latest_end_lsn   | 1/1D000A70
latest_end_time  | 2019–06–17 10:49:14.346386+08
replay_delay     | 0   〈----- 表示 WAL 日志应用延迟，单位为字节。0 表示无延迟
```

发布节点执行以下语句, 监控延迟:

```
postgres=# select *,pg_wal_lsn_diff(pg_current_wal_lsn(),replay_lsn) replay_delay from pg_
stat_replication;
-[ RECORD 1 ]-
----+-------------------------------
pid              | 1133
usesysid         | 111311
usename          | logicalrep
application_name | sub1
client_addr      | 192.168.6.13
client_hostname  |
client_port      | 40378
backend_start    | 2019-06-17 09:29:22.810877+08
backend_xmin     |
state            | streaming   〈----- 复制状态正常
sent_lsn         | 1/1D000A70
write_lsn        | 1/1D000A70
flush_lsn        | 1/1D000A70
replay_lsn       | 1/1D000A70
write_lag        |
flush_lag        |
replay_lag       |
sync_priority    | 0
sync_state       | async
replay_delay     | 0   〈----- 表示 WAL 日志应用延迟, 单位为字节。0 表示无延迟
```

12.9 安全和权限

●用于复制数据的角色必须具有复制权限 (或是超级用户)。角色的访问权限必须在 pg_hba.conf 中配置, 并且必须具有 LOGIN 权限。

●发布端 wal_level 必须设置为 logical, 以支持逻辑复制。

●发布端角色需要有发布表的 select 权限。

● 使用某个用户在某个数据库中创建 publication，这个用户必须对该数据库具备 create 权限。

12.10 配置设置

在发布端：

```
wal_level=logical

max_replication_slots —— 至少与订阅个数相同

max_wal_senders  —— 至少与 max_replication_slots 相同，进程来自 max_connections
```

在订阅端：

```
max_replication_slots  —— 至少与订阅个数相同

max_worker_processes  —— 系统支持的最大后台进程数，至少 max_logical_replication_workers + 1

max_logical_replication_workers —— 至少与订阅个数相同，进程来自 max_worker_processes

max_sync_workers_per_subscription（integer）—— 进程来自 max_logical_replication_workers，默认值是 2，每个订阅的最大并行进程数，控制订阅初始化期间或添加新表初始化时的并行量。目前每个表同步只能使用一个工作进程
```

最佳实践（建议值）：

```
pub:
alter system set max_replication_slots=20;

alter system set max_wal_senders=30;


sub:
alter system set max_replication_slots=20;

alter system set max_logical_replication_workers=30;

alter system set max_sync_workers_per_subscription=10;
```

常用维护操作：

1. 发布中添加表、删除表

```
alter publication pub1 add table highgo.test_lr1;
```

```
alter publication pub1 drop table highgo.test_lr1;
```

2. 逻辑复制启动和停止

```
alter subscription lipei_solt_sub disable;
```

```
alter subscription lipei_solt_sub enable;
```

3. 立即同步

```
alter subscription sub1 refresh publication;
```

第 13 章
日常管理与监控

13.1 表空间管理

瀚高数据库中的表空间允许数据库管理员在文件系统中定义用来存放表示数据库对象的文件的位置。一旦被创建,表空间就可以在创建数据库对象时通过名称引用。

与 Oracle 不同的是,瀚高数据库的表空间是一个存储路径而非逻辑概念。

通过使用表空间,管理员可以控制一个瀚高数据库安装的磁盘布局。这么做至少有两个用处。首先,如果初始化集簇所在的分区或者卷用光了空间,而又不能在逻辑上扩展或者做别的什么操作,那么表空间可以被创建在一个不同的分区上,直到系统可以被重新配置。其次,表空间允许管理员根据数据库对象的使用模式来优化性能。例如,一个很频繁使用的索引可以被放在非常快并且非常可靠的磁盘上,如价格相对较高的固态存储设备。同时,一个很少使用的或者对性能要求不高的存储归档数据的表可以存储在一个便宜且比较慢的磁盘系统上。

要定义一个表空间,使用 CREATE TABLESPACE 命令,例如:

CREATE TABLESPACE space1 LOCATION '/ssd1/highgo/data2';

这个位置必须是一个已有的空目录,并且属于瀚高数据库操作系统用户。所有后续在该表空间中创建的对象都将被存放在这个目录下的文件中。该位置不能放在可移动或者不可持久化的存储上,因为如果表空间丢失会导致集簇无法工作。

表空间的创建本身必须由数据库管理员完成,但在创建完之后可以允许普通数据库用户来使用它,需要给数据库普通用户授予表空间上的 CREATE 权限。

表、索引和整个数据库都可以被分配到特定的表空间。想这么做,在给定表空间上有 CREATE 权限的用户必须把表空间的名字以一个参数的形式传递给相关的命令。例如,下面的命令在表空间 space1 中创建一个表：

```
CREATE TABLE foo(i int) TABLESPACE space1;
```

另外，还可以使用 default_tablespace 参数：

```
SET default_tablespace = space1;
CREATE TABLE foo(i int);
```

当 default_tablespace 被设置为非空字符串，那么它就为没有显式 TABLESPACE 子句的 CREATE TABLE 和 CREATE INDEX 命令提供一个隐式 TABLESPACE 子句。

有一个 temp_tablespaces 参数，它决定临时表和索引的位置，以及用于大数据集排序等目的的临时文件的位置。这可以是一个表空间名的列表，而不是只有一个。因此，与临时对象有关的负载可以散布在多个表空间上。每次要创建一个临时对象时，将从列表中随机取一个成员来存放它。

与一个数据库相关联的表空间用来存储该数据库的系统目录。此外，如果没有给出 TABLESPACE 子句并且没有在 default_tablespace 或 temp_tablespaces（如适用）中指定其他选择，它还是在该数据库的默认表空间中创建的表、索引和临时文件。如果一个数据库被创建时没有指定表空间，它会使用其模板数据库相同的表空间。

当初始化数据库集簇时，会自动创建两个表空间。pg_global 表空间被用于共享系统目录。pg_default 表空间是 template1 和 template0 数据库的默认表空间。

表空间一旦被创建，就可以被任何数据库使用，前提是请求的用户具有足够的权限。这也意味着，一个表空间只有在所有使用它的数据库中所有对象都被删除之后才可以被删掉。

要删除一个空的表空间，使用 DROP TABLESPACE 命令。

要确定现有表空间的集合，可检查 pg_tablespace 系统目录，例如：

```
SELECT spcname FROM pg_tablespace;
```

psql 程序的 \db 元命令也可以用来列出现有的表空间。

13.2 VACUUM

VACUUM 是瀚高数据库的回收机制，通常让自动清理守护进程来执行清理已经足够。手动清理主要用于以下场景：

1. 恢复或重用被已更新或已删除行所占用的磁盘空间。

2. 更新被瀚高数据库查询规划器使用的数据统计信息。

3. 更新可见性映射，它可以加速只用索引的扫描。

4.保护老旧数据不会由于事务 ID 回卷或多事务 ID 回卷而丢失。

有两种 VACUUM 形式：标准 VACUUM 和 VACUUM FULL。VACUUM FULL 可以收回更多磁盘空间但是运行起来更慢。另外，标准形式的 VACUUM 可以和生产数据库操作并行运行（SELECT、INSERT、UPDATE 和 DELETE 等命令将继续正常工作，但在清理期间你无法使用 ALTER TABLE 等命令来更新表的定义）。VACUUM FULL 要求在其工作的表上得到一个排他锁，因此无法和对此表的其他操作并行。因此，通常管理员应该尽量使用标准 VACUUM 并且避免 VACUUM FULL。

只要 VACUUM 正在运行，每一个当前正在清理的后端（包括 autovacuum 工作者进程）在 pg_stat_progress_vacuum 视图中都会有一行。下面的表描述了将被报告的信息并且提供了它们的解释信息。VACUUM FULL 命令的进度是通过 pg_stat_progress_cluster 报告的。

列	描述
pid	后端的进程 ID。
datid	这个后端连接的数据库的 OID。
datname	这个后端连接的数据库的名称。
relid	被 vacuum 表的 OID。
phase	vacuum 的当前处理阶段。
heap_blks_total	该表中堆块的总数。这个数字在扫描开始时报告，之后增加的块将不会（并且不需要）被这个 VACUUM 访问。
heap_blks_scanned	被扫描的堆块数量。由于可见性映射被用来优化扫描，一些块将被跳过而不做检查，被跳过的块会被包括在这个总数中，因此当清理完成时这个数字最终将会等于 heap_blks_total。仅当处于扫描堆阶段时这个计数器才会前进。
heap_blks_vacuumed	被清理的堆块数量。除非表没有索引，这个计数器仅在处于清理堆阶段时才会前进。不包含死亡元组的块会被跳过，因此这个计数器可能有时会向前跳跃一个比较大的增量。
index_vacuum_count	已完成的索引清理周期数。
max_dead_tuples	在需要执行一个索引清理周期之前我们可以存储的死亡元组数，取决于 maintenance_work_mem。
num_dead_tuples	从上一个索引清理周期以来收集的死亡元组数。

13.3 锁查询

基于数据库的事务隔离机制，在数据库运行过程中势必会产生锁。

瀚高数据库提供 pg_locks 系统表。通过该表允许数据库管理员查看在锁管理器里面未解决的锁的信息。例如，这个功能可以被用于：

● 查看当前所有未解决的锁、在一个特定数据库中的关系上所有的锁、在一个特定关系上所有的锁，或者由一个特定瀚高数据库会话持有的所有的锁。

● 判断当前数据库中带有最多未授予锁的关系（它很可能是数据库客户端的竞争源）。

● 判断锁竞争给数据库总体性能带来的影响，以及锁竞争随着整个数据库流量的变化范围。

下边提供一个查询排他锁的 SQL 语句，通过这条 SQL 可以直观查询当前数据库中锁的竞争关系。

```sql
select * from viewlocks;
create view viewlocks as
SELECT
    waiting.locktype          AS waiting_locktype,
    waiting.relation::regclass AS waiting_table,
    waiting_stm.query          AS waiting_query,
    waiting.mode              AS waiting_mode,
    waiting.pid               AS waiting_pid,
    other.locktype            AS other_locktype,
    other.relation::regclass   AS other_table,
    other_stm.query           AS other_query,
    other.mode               AS other_mode,
    other.pid                AS other_pid,
    other.GRANTED             AS other_granted
FROM
    pg_catalog.pg_locks AS waiting
JOIN
    pg_catalog.pg_stat_activity AS waiting_stm
```

```
ON (
    waiting_stm.pid = waiting.pid
)
JOIN
    pg_catalog.pg_locks AS other
    ON (
        (
            waiting."database" = other."database"
            AND waiting.relation  = other.relation
        )
        OR waiting.transactionid = other.transactionid
    )
JOIN
    pg_catalog.pg_stat_activity AS other_stm
    ON (
        other_stm.pid = other.pid
    )
WHERE
    NOT waiting.GRANTED
AND
    waiting.pid <> other.pid;
```

13.4 运行日志设置

在数据库运行起来之后，我们往往需要开启数据库的运行告警日志功能，以便于数据库出现问题时可以根据日志定位问题。

我们推荐设置如下数据库参数来对数据库告警日志进行设置。

```
alter system set log_destination = 'csvlog';
alter system set logging_collector = on;
alter system set log_directory = 'hgdb_log';
alter system set log_filename = 'highgodb_%a.log';
```

```
alter system set log_rotation_age = '1d';

alter system set log_rotation_size = 0;

alter system set log_truncate_on_rotation = on;

alter system set log_statement = 'ddl';
```

通过如上配置，可以完成如下要求：

1. 开启数据库运行日志记录功能。

2. 日志存放于 data 目录下的 hgdb_log 中。

3. 日志格式为 csv 格式。

4. 日志名称以 highgodb_ 星期 .csv 命名。

5. 日志文件每天自动切换，7 天后自动覆盖同名文件，保留最近 7 天日志。

6. 日志文件大小没有上限。

7. 记录所有 ddl 语句。

8. 记录所有 warning 级别以上的运行信息。

调整日志级别可以设置 log_min_messages 参数。日志会记录参数值及其更高级的日志内容。该参数支持如下值：

"debug5，debug4，debug3，debug2，debug1，info，notice，warning，error，log，fatal，panic"

对于 C/S 架构，还可以添加如下两个参数记录会话连接和断开信息。

```
alter system set log_connections=on;

alter system set log_disconnections=on;
```

13.5 安全参数

13.5.1 安全参数查询

登录 syssso 用户，执行 select show_secure_param(); 可以显示所有的安全参数。

13.5.2 安全参数设置

登录 syssso 用户，执行 select set_secure_param(' 参数名 '' 参数值 '); 来设置某个安全开关和安全参数值。

注：参数名和参数值都需要用英文单引号包括。

例如：select set_secure_param('hg_showlogininfo','off');

则会关闭登录信息的显示。

有的安全参数拥有子参数，语法为安全参数和子参数之间加一个"."即可。例如：
select set_secure_param('hg_idcheck.pwdlocktime','3');

有的安全参数是即时生效，有的安全参数是重启数据库后生效。例如设置 hg_clientnoinput 参数后，需要重启才能生效。

13.5.3 安全策略参数列表

安全参数	子参数名	参数说明
hg_sepofpowers		三权分立功能开关，默认 on，开启三权功能；off 为关闭三权分立，关闭后即无安全功能。参数值重启生效。
hg_macontrol		强制访问控制功能开关，默认 on，开启强制访问控制；参数值为 min，表示强访功能最小化，即只有自主访问控制功能。参数值重启生效。
hg_rowsecure		行级强制访问功能开关。该参数只在 hg_macontrol 为 on 时生效。参数值为 on|off，on 为开启行级访问控制，off 为关闭行级访问控制，开启表级访问控制。默认为 off。参数值重启生效。
hg_showlogininfo		登入信息显示开关。（管理工具和 psql 客户端，参数值为 on|off，on 为开启功能，off 为关闭功能，默认 on）参数值动态生效。
hg_clientnoinput		session 不活动无操作自动断开的时间（有事务运行则不会断开）。参数范围值为 0—1440 分钟；默认 30 分钟，设置为 0 则不限制。参数值重启生效。备注：hg_clientnoinput 受 hg_idcheck.enable 开关控制。关闭 hg_idcheck.enable 后，hg_clientntnoinput 参数不生效。
hg_idcheck. 子参数名	enable	该参数相当于其他子参数的总开关。默认值为 on，开启身份鉴别，其他子参数以默认值显示；off 为关闭身份鉴别，所有身份鉴别相关参数均不生效。参数值重启生效。
	pwdlock	密码连续输入错误多少次后账户被锁，默认 5 次。参数范围值为 0—10 次，设置为 0 表示不限制密码错误次数，重启后密码连续错误次数重新计算。参数值动态（不重启）生效。
	pwdlocktime	密码连续错误次数超限被锁定的时间，默认 24 小时，参数范围值为 0—240 小时。设置为 0 则表示一直被锁定，但可以通过 syssso 解锁。参数值动态（不重启）生效。
	pwdvaliduntil	参数功能为密码有效期，参数范围值为 0-365 天，默认 7 天，设置值为 0 表示不限制天数。参数值动态（不重启）生效。

续表

hg_idcheck. 子参数名	pwdpolicy	参数有 low、medium、high、highest 四个参数值，设置为 low 时表示密码不受限制；设置为 medium 表示密码长度至少为 8 位，必须包含字母和数字；设置为 high 表示密码长度至少为 8 位，必须包含字母、数字和特殊字符。highest，包含常用密码、保留字、关键字等所有密码规则。默认为 highest 参数值动态（不重启）生效。
hg_sepv4		该选项的值可以为 V4 或者 V45。默认值为 V4，表示三权分立为 V4 版本。 可设置为 V45，表示三权分立的版本为 V45 版本。 当 hg_sepofpowers 为 on 时，此选项才会生效。 改变此选项的值后需要重启数据库生效。 注：该参数在 HGDB-SEE V4.5.5 及以后的版本中支持

13.6 审计配置

13.6.1 审计记录

审计记录包含以下的信息：

log_time	记录时间
risklevel	风险等级
audittype	审计类型：包含 system（系统审计事件），statement（语句审计事件），object（对象审计事件），mandatory（强制审计事件）
oper_opts	审计语句类型（支持的语句见 13.6.5）
username	用户名
dbname	数据库名称
objtype	对象类型
schemaname	模式名称
objectname	对象名称
colname	列名称
privlevel	权限等级：包含 SYSTEM, DATABASE, SCHEMAOBJECT, INSTACE
procpid	进程 id
session_start_time	会话开始时间

续表

action_start_time	操作开始时间
tansaction_id	事务 id
client_ip	客户端 ip
client_port	客户端 port
application_name	客户端应用
server_ip	服务器 ip
server_port	服务器 port
command	sql 命令
affect_rows	命令影响的行数
return_row	命令返回行数
duration	命令持续时间
result	命令执行结果（成功或失败）

审计管理员可以通过审计导入工具 hgaudit_imp 把指定的审计文件导入 public.hg_t_audit_log 表中，审计管理员可以查看该表。

hgaudit_imp 使用时，会验证审计管理员的密码。

hgaudit_imp 支持的选项有：

–f：指定需要导入的审计日志的文件，支持指定多个文件，多个文件用逗号分隔。支持指定绝对路径和相对路径，相对路径相对于审计日志文件路径 $PGDATA/data/hgaudit。如不指定 –f，则表示当前审计日志归档目录及审计日志目录下的审计记录。未写完的审计日志也支持导入

–d：指定需要导入的数据库

–h：指定要连接数据库IP（该参数在 HGDB-SEE V4.5.3 及以后的版本中支持）

–p：指定数据库的 port（该参数在 HGDB-SEE V4.5.3 及以后的版本中支持）

–P：syssao 用户的密码

13.6.2 审计配置

审计日志存放于 data 目录的 hgaudit 目录中。当开启审计时，需要注意该目录对于空间的占用。

1. 安全审计参数配置

审计管理员 syssao，可以对安全审计参数进行配置，审计管理员可以通过 select show_

audit_param();来查看当前的审计策略配置。

能够配置的审计相关项目如下所示：

```
    show_audit_param
    _____

hg_audit = on,              +
hg_audit_analyze = off,         +
hg_audit_alarm = email,          +
hg_audit_alarm_email =        +
hg_audit_logsize = 16MB,       +
hg_audit_keep_days = 7,                 +
hg_audit_file_archive_mode = off, +
hg_audit_file_archive_dest =     +
```

每个参数的说明如下：

hg_audit：审计总开关，默认为 on。

hg_audit_analyze：审计分析开关，on 表示需要检查用户配置的审计事件风险等级，并根据风险等级进行处理，off 表示只记录审计记录，而不处理风险等级，默认为 off。

hg_audit_alarm: 审计告警方式，当前只支持 email 方式，即当需要进行审计告警时，发送邮件到 hg_audit_alarm_email 所配置的邮箱。

hg_audit_alarm_email：审计告警邮箱。

hg_audit_logsize：生成的审计文件大小，可配置的范围为 16MB—1GB，默认为 16MB。

hg_audit_keep_days：hgaudit 目录下的审计记录文件所保存的时间（以天为单位），若超过这个时间，相关文件将会被删除。（该参数在 HGDB–SEE V4.5.6 及以后的版本中支持）

hg_audit_file_archive_mode：审计自动归档模式的开关，on 表示打开审计文件自动归档，审计归档进程扫描 hgaudit/audit_archive_ready 下的 ready 文件，把相应的审计日志文件归档到 hg_audit_file_archive_dest 指定的路径下，默认为 off。

hg_audit_file_archive_dest: 审计归档路径，只支持绝对路径。设定的路径必须存在且数据库运行用户对其有写权限。

审计管理员可以用 select set_audit_param( ) 函数来设置上述配置，第一个参数是要配置的参数名称，后边是要设置的值，两个参数全部都是字符串类型。

2. 安全审计策略配置

审计管理员可以对安全审计策略进行配置，可以配置语句审计与对象审计。

配置语句审计的语法为：

audit statement_opts by username|all [whenever [not] successful]

其中：

● statement_opts：语句审计事件列表（支持的语句见 13.6.5）。支持指定多个语句类型，用逗号分隔；如果对所有语句进行审计，则使用 all，此时，对每一种语句记录一条审计配置项；该参数不能为空。

● username：要审计的用户名称。指定 all 表示所有用户。支持指定多个用户，用户间用逗号分隔。为每个用户记录一条审计配置项。

● whenever [not] successful：审计模式。whenever successful 表示只对成功的事件进行审计。whenever not successful 表示只对失败的事件进行审计。不指定表示不论成功失败均进行审计。

配置后的语句审计策略可以通过系统视图 hgaudit_statement 查看。

比如：

```
highgo=> audit create table by all whenever  successful;

AUDIT

highgo=> select * from hgaudit_statement;

 confid | userid |  auditevent  | auditmode  | risklevel

--------+--------+--------------+------------+-----------

 16384 |      0 | CREATE TABLE | SUCCESSFUL | 0

(1 row)
```

审计管理员可以删除已配置的语句审计策略，语法分两种。

● noaudit statement_opts by username|all [whenever [not] successful] [cascade]

● noaudit statement confid [cascade]

cascade 关键字表示，如果该审计配置项配置了审计分析规则，则连同审计分析规则一同删除。

配置对象审计的语法为：

audit object_opts on objtype [schema.]objname[.colname] by username|all [whenever [not] successful]

● object_opts：要审计的操作类型，不能省略。支持指定多个操作类型，用逗号分隔；如果对该对象的所有操作审计，则使用 all；此时，对每一种操作类型记录一条审计配置项（支持的语句见 13.6.5）。

● objtype：要审计的对象的类型，必填项；支持 table、view、column、sequence、function、procedure；不支持同时指定多个。

● schema：对象所在的模式。如不指定，按照 search_path 的定义搜索。

● objname：对象名称。必填项。

● colname：列名。表示对该列进行审计。仅当 objtype 为 column 时才需要指定，若不指定，表示对表的所有列进行审计。

审计记录生成的时候，对每个对象都生成一条记录。

配置之后的对象审计策略可以通过系统视图 hgaudit_object 查看。

比如：

```
highgo=> audit insert on table t by sysdba whenever  successful;
AUDIT
highgo=> select * from hgaudit_object;
 confid | objecttype | objectid | clumnid | userid | auditevent | auditmode  | risklevel
--------+------------+----------+---------+--------+------------+------------+-----------
  16388 | TABLE      | 16385    | 0       |  9999  | INSERT     | SUCCESSFUL | 0
(1 row)
```

同样，审计管理员可以删除已配置的对象审计策略，语法也分两种：

● noaudit object_opts on objtype [schema.]objname[.colname] by username|all   [whenever [not] successful] [cascade]

● noaudit object confid [cascade]

cascade 关键字表示，如果该审计配置项配置了审计分析规则，则连同审计分析规则一同删除。

13.6.3 审计告警

用户可以通过参数 hg_audit_analyze，hg_audit_alarm，hg_audit_alarm_email 来配置告警的方式。

当 hg_audit_analyze 为 on，hg_audit_alarm 为 email，且 hg_audit_alarm_email 为有效邮箱的时候，告警方式即为向邮箱 hg_audit_alarm_email 发送告警邮件，并向系统日志中输出 warning。

若只有 hg_audit_analyze 为 on，其他两个参数未配置或无效，则只向系统日志中输出 warning。

审计事件共分为 3 个等级，分别的告警行为如下：

●低风险（1）：按照配置的告警方式告警（目前只支持邮箱的方式）

● 中风险（2）：违例进程终止。终止当前操作，但是用户连接仍存在，同时进行告警

● 高风险（3）：服务取消。终止当前操作，断开用户连接，退出登录，同时进行告警

用户可以使用函数自主配置审计事件的风险等级，以便触发相应的告警行为，我们称之为审计分析规则，操作审计分析规则的函数：

（1）添加一个审计分析规则：

add_actionaudit_rule(rulename,audittype,auditevent,risklevel)

● rulename：规则名称，必填项，唯一

● audittype：审计类型，可取值 statement、object；必填项

● auditevent：审计事件：填写 confid；必填项

● risklevel：风险等级：1、2、3 分别代表低风险、中风险、高风险；必填项，默认为 1

（2）修改一个审计规则：

alter_actionaudit_rule(rulename,risklevel)

（3）删除一个审计规则：

drop_actionaudit_rule(rulename)

13.6.4 特殊的审计事件

除了用户自主配置的审计事件，系统中还定义了两种类型的特殊审计事件：

（1）mandatory（强制审计事件）

一定会被审计的事件，无论审计功能是否开启。

该类型的事件目前只包含一个：审计总开关 hg_audit 修改。

注：该审计事件在 HGDB-SEE V4.5.3 及以后的版本中支持

（2）system（系统审计事件）：不需要用户配置，只要 hg_audit 为 on 就会审计。

包含以下事件：

①数据库启动

②数据库停止

③用户登录

④用户登出

⑤ reload 配置文件

13.6.5 支持的审计语句

CREATE ROLE

CREATE DOMAIN

CREATE PROCEDURE

CREATE INDEX

CREATE SCHEMA

CREATE SEQUENCE

CREATE TABLE

CREATE TABLE AS

CREATE TRIGGER

CREATE USER

CREATE VIEW

CREATE EXTENSION

CREATE DATABASE

ALTER ROLE

ALTER DOMAIN

ALTER PROCEDURE

ALTER INDEX

ALTER SYSTEM

ALTER SCHEMA

ALTER SEQUENCE

ALTER TABLE

ALTER TRIGGER

ALTER USER

ALTER VIEW

ALTER EXTENSION

ALTER DATABASE

DROP DOMAIN

DROP PROCEDURE

DROP ROLE

DROP INDEX

DROP SCHEMA

DROP SEQUENCE

DROP TABLE

DROP TRIGGER

DROP USER

DROP VIEW

DROP DATABASE

DROP EXTENSION

SELECT

SELECT INTO

INSERT

UPDATE

DELETE

GRANT

REVOKE

COMMENT

RESET

SET

TRUNCATE

COPY TO

COPY FROM

REINDEX

LOCK

CALL

13.7 日常巡检项

日常巡检主要涉及操作系统和数据库两个方面。

操作系统方面主要关注：操作系统信息检查，操作系统时间，操作系统版本，网络信息，文件系统使用率，内存使用率等方面。

数据库方面主要关注：控制文件信息，数据库运行状态，归档与垃圾回收，数据库年龄，用户权限，数据量，Top SQL 等方面。

瀚高技术支持平台已提供日常巡检脚本，可登录平台（https://support.highgo.com），搜索 011426404 进行获取。更多巡检知识可查询知识库—运维指导—巡检建议项进行了解。

适配开发篇

第1章
应用迁移适配瀚高数据库过程简介

随着国产化的发展，经常会遇到其他数据库到瀚高数据库的替换迁移需求，下面介绍数据库替换工作开展的思路和核心步骤。

调研 01　评估 02　计划 03　实验 04　测试 05　实施 06　上线 07

（1）调研：

对数据库大小、表数量、视图数量、存储过程、自定义函数、触发器、索引、字段类型等进行收集分析。

（2）评估：

根据调研内容评估应用程序迁移到瀚高数据的工作量、时间、难易程度等。

（3）计划：

根据工作量和复杂度及任务完成时间要求，制定迁移计划。

（4）实验：

此环节为主要的技术操作环节，又分为如下三个阶段：

1.数据库环境搭建阶段：完成瀚高数据库测试环境的安装部署；

2.数据库迁移阶段：将原有数据库（如 Oracle、Mysql）中表数据、视图、函数等数据库对象，通过瀚高数据库迁移工具，将 95% 以上信息自动导入瀚高数据库测试环境中，对于原库的特性设置进行人为修改；

3.应用程序适配阶段：基于瀚高数据库运行应用程序，过程中对 SQL 兼容、代码兼容等调整适配。

（5）测试：

应用程序功能健壮性测试、数据准确性测试、函数兼容性测试等。

（测试完毕后可开具应用程序与瀚高数据库的互认兼容证明，以此证明双方适配成果）

（6）实施：

根据项目要求正式部署生产环境、迁移生产数据等。

（7）上线：

迁移完成正式生产数据库，切换应用连接，完成新数据库系统上线。

1.1 数据迁移

1.1.1 手工方式

手工方式的数据迁移主要是利用工具生成数据库脚本，然后修改脚本中与瀚高数据库 SQL 语句、数据类型等不一致的地方，然后在瀚高数据库中运行。有时修改的脚本可能不会一次运行成功，需要根据错误提示再次修改。下面我们就来介绍手工方式迁移的具体步骤（此处我们以从 Oracle 迁移到 HGDB 为例，其他数据库同理）：

（1）通过 PLSQL Developer（请使用正版软件产品，并遵守其使用协议）工具菜单——导出表，导出 sql 文本文件

（2）编辑并执行 sql 脚本：xnlt=> \i aaa.sql

至此，数据的手工方式迁移介绍完成。下面来介绍迁移工具的使用。

1.1.2 瀚高数据迁移工具使用介绍

瀚高迁移工具，可以支持 Oracle、SqlServer、MySQL 等数据库向瀚高数据库迁移。

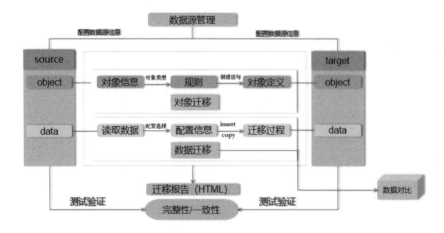

图 1 数据库基本对象及数据迁移——架构图

注：瀚高迁移工具详细使用步骤，请登录瀚高 Support 平台进行搜索查看。

1.2 应用迁移

1.2.1 应用程序迁移主要涉及如下步骤

（1）数据库连接

　　a. JDBC 的调整

　　b. 数据分页的调整

　　c. 外连接的调整

（2）SQL 的调整

（3）序列的调整

（4）函数的调整

（5）触发器的调整

（6）存储过程的调整

第2章
创建用户和数据库

2.1 创建角色

CREATE ROLE/USER 向数据库集簇增加一个新的角色，生效范围是整个数据库集簇，并非只是当前数据库。要创建一个角色，您必须具有 CREATE ROLE 特权或者成为一个数据库超级用户。

CREATE ROLE/USER 语法，如下：

CREATE ROLE/USER name [[WITH] option [...]];

CREATE ROLE/USER 中常用子句，如下：

常用子句	子句作用
SUPERUSER	决定是否是一个"超级用户"，缺省值是 NOSUPERUSER
NOSUPERUSER	
CREATEDB	定义一个角色创建数据库的能力，缺省值是 NOCREATEDB
NOCREATEDB	
CREATEROLE	决定一个角色是否被允许创建新的角色，缺省值是 NOCREATEROLE
NOCREATEROLE	
INHERIT	新角色是否从所属的角色中"继承"特权，缺省值为 INHERIT
NOINHERIT	
LOGIN	决定一个角色是否被允许登录，缺省值是 NOLOGIN，如果用 CREATE USER 创建，缺省值为 LOGIN
NOLOGIN	
PASSWORD	设置角色的口令

创建一个用户名和密码为 xxxxxx（自己定义的密码）可以登录的角色，如下：

CREATE ROLE myuser LOGIN PASSWORD 'xxxxxx';

或：

CREATE USER myuser PASSWORD 'xxxxxx';

注意：角色名不要加双引号，如果加双引号会导致大小写敏感。

2.2 创建数据库

CREATE DATABASE 在数据库中创建一个新的 HighgoDB 数据库。要创建一个数据库，您必须是一个超级用户或者具有特殊的 CREATEDB 特权。

CREATE DATABASE 语法，如下：

```
CREATE DATABASE name
    [ [ WITH ] [ OWNER [=] user_name ]
        [ TEMPLATE [=] template ]
        [ ENCODING [=] encoding ]
        [ TABLESPACE [=] tablespace_name ];
```

CREATE DATABASE 中常用参数，如下：

常用参数	参数作用
user_name	将拥有新数据库的用户的角色名，默认为执行该命令的用户
template	要从其创建新数据库的模板名称，默认为 template1
encoding	要在新数据库中使用的字符集编码，默认为模板数据库的编码
tablespace_name	将与新数据库相关联的表空间名称，默认为模板数据库的表空间

创建一个名为 myhgdb，归属于 myuser，模板数据库为 template1，编码为 utf8 的数据库，如下：

CREATE DATABASE myhgdb WITH OWNER=myuser TEMPLATE=template1 ENCODING=utf8;

注意：数据库名不要加双引号，如果加双引号会导致大小写敏感。

2.3 创建模式

CREATE SCHEMA 在当前数据库中创建一个模式。一个模式本质上是一个名字空间：它包含命令对象（表、函数等），对象可以与在其他模式中存在的对象重名。可以通过用模式名作为一个前缀"限定"命名对象的名称来访问它们，或者通过把要求的模式包括在搜索路径中来访问命名对象。

CREATE SCHEMA 语法，如下：

CREATE SCHEMA IF NOT EXISTS schema_name [AUTHORIZATION role_specification];

CREATE SCHEMA 中常用参数，如下：

常用参数	参数作用
schema_name	要创建的一个模式名。如果省略， user_name 将被用作模式名。
role_specification	将拥有新模式的用户的角色名。如果省略，默认为执行该命令的用户。
if not exists	如果一个具有同名的模式已经存在，则什么也不做(不过发出一个提示)。

创建一个名为 myschema，归属于 myuser 的数据库，如下：

CREATE SCHEMA IF NOT EXISTS myschema AUTHORIZATION myuser;

注意：模式名不要加双引号，如果加双引号会导致大小写敏感。

第3章
跨数据库品牌迁移到 HGDB

3.1 瀚高迁移工具

3.1.1. 瀚高迁移工具介绍

瀚高 Sabre 迁移工具，针对现有的应用系统迁移提供完整的解决方案，为应用系统代码修改和数据库迁移提供辅助，降低应用系统迁移的复杂度和成本，使迁移过程更加简单和高效。

1.瀚高迁移工具使用

（1）打开迁移工具，解压 HG-Sabre-Migration 的压缩包，解压后目录结构，如下图所示：

图 1 瀚高迁移工具目录结构

每个文件或文件夹功能如下：

config 文件夹：存放配置文件。

database 文件夹：存放 pg 内置库。

help 文件夹：存放帮助文件。

html 文件夹：存放数据迁移结果文件、转换结果文件、评估结果文件等。

icon 文件夹：存放图标文件。

JRE_WIN_x64 文件夹：存放 jre。

lib 文件夹：存放工具的 jar 包和 jdbc。

logs 文件夹：存放工具日志文件。

README.md 文件：版本更新说明。

run.vbs/run.bat 文件：启动工具（同时会启动内置库）。

（2）执行 run.vbs 文件，工具打开后界面，如下图所示：

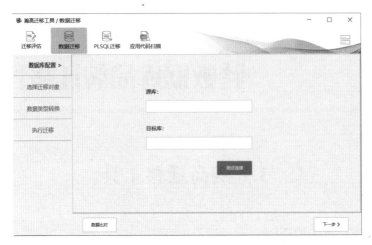

图 2 瀚高迁移工具初始界面

2. 瀚高迁移工具的配置

点击右上角服务器列表按钮或者点击源库 / 目标库对应的文本框区域（不可输入），如下图所示：

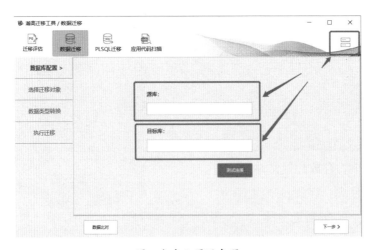

图 3 点击配置服务器

可以弹出服务器列表配置界面，如下图所示：

图 4 服务器列表配置界面

通过服务器列表配置界面可以新建、修改、删除服务器信息，根据项目情况配置 Highgo/Oracle/Mysql/DB2/SQL Server/DM/KingBase，如下图所示：

图 5 数据库类型可选列表

图 6 服务器配置

3.2 数据迁移

3.2.1. 数据迁移模块介绍

迁移源端数据库的表、数据及相关对象（如约束、索引等）到目标数据库，包括对象的创建和数据的插入，通过数据类型映射方式对应源端和目标端的表字段类型，数据迁移提供 insert 迁移方式，使用多线程并发迁移。

目前数据迁移模块支持 Oracle、MySQL、DB2、SQL Server、DM、KingBase 等数据库迁移到 HGDB，以下章节会以 Oracle 为例介绍数据迁移功能（其他数据库迁移与 Oracle 类似，区别在于数据源配置不同）。

3.2.2. 数据迁移介绍

1. 数据库配置流程，如下：

（1）选择数据迁移模块，进入数据迁移界面。

（2）分别选择源库和目标库。

（3）点击【测试连接】按钮，保证源端和目标端都可以正常连接。

（4）点击【下一步】按钮进入下一步操作。

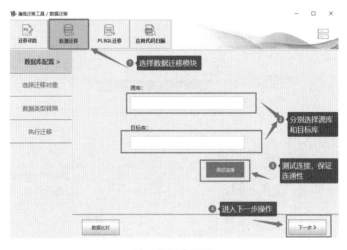

图 7 数据库配置

2. 选择迁移对象流程，如下：

（1）选择迁移模式。

（2）勾选需要迁移的对象。

（3）进入下一步操作。

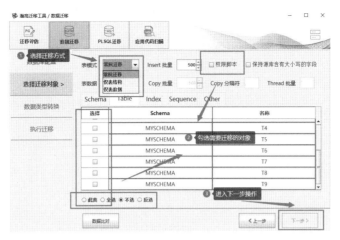

图 8 选择迁移对象

3. 数据类型转换

可以修改目标端的数据类型为需要的类型，一般不推荐修改，默认即可，如下图所示：

图 9 数据类型转换

4. 执行迁移

点击开始按钮可以开始数据迁移工作，如右图所示：

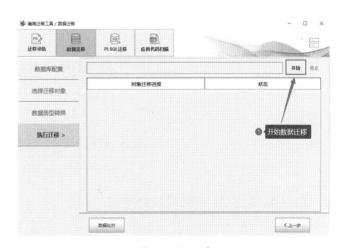

图 10 开始迁移

迁移过程中可以实时监控迁移进度以及迁移状态。通过【暂停按钮】可以暂停迁移工作，按钮变为【继续】，点击【继续】可以继续迁移工作。通过【停止】按钮，可以终止当前的迁移工作。

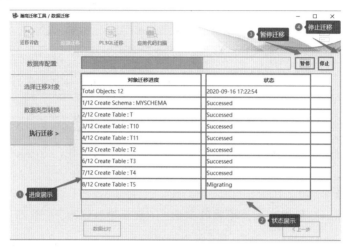

图 11 迁移过程监控

迁移完成之后会显示迁移结果：成功数、失败数、合计、警告等，点击数字，可以展示对应的对象名称等信息，如下图所示：

迁移结果

迁移开始时间：2021-12-23 13:34:01 迁移结束时间：2021-12-23 13:34:11

序号	类型	成功数	失败数	合计	警告
1	Schema	1	0	1	0
2	Table	10	0	10	0
3	Index	0	0	0	0
4	Sequence	0	0	0	0
5	Constraint	3	0	3	0
6	Other	0	0	0	0

点击数字显示详情

图 12 迁移结果展示

3.3 PLSQL 迁移

3.3.1.PLSQL 迁移模块介绍

PLSQL 迁移采用词法语法分析，解析源库 PLSQL 对象的定义，通过 PLSQL 转换功能转换为 PLPGSQL 对象，目前仅支持 Oracle 中相关对象的迁移，其他数据库中的函数等需要工程师手工改写。

3.3.2. 数据迁移介绍

1. 数据库配置流程如下：

（1）选择 PLSQL 迁移模块，进入 PLSQL 迁移界面。

（2）选择源库。

（3）点击【测试连接】按钮，保证源端数据库可以正常连接。

（4）点击【下一步】按钮进入下一步操作。

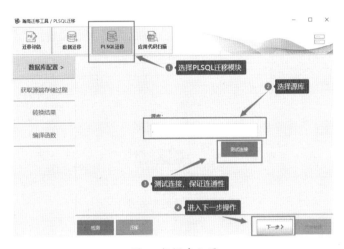

图 13 数据库配置

2. 获取源端存储过程

获取源端存储过程界面，可以展示当前数据库中支持转换的函数、存储过程、包、触发器等对象。

通过【开始转换】按钮，可以开始 PLSQL 转换为 PLPGSQL 的功能，如下图所示：

图 14 获取源端存储过程

3. 转换结果

点击开始转换按钮后，转换完成后生成转换结果文件，保存在 \html\converterfile 文件夹下的 success、coconverter、fail 文件夹及 success_yyyymmddhhmms.sql、noconverter_yyyymmddhhmms.sql、fail_yyyymmddhhmms.sql 文件和结果分析文件，并且结果分析文件会自动在浏览器中打开，展示详细的报告信息，如下图所示：

图 15 转换结果展示

4. 编译函数

编译函数功能，将转换完成的 PLPGSQL 执行进数据库，流程如下：

（1）点击【编译函数】进入准备状态，此时可以进行调整数据库参数等操作。

（2）点击【下一步】按钮，开始编译工作。

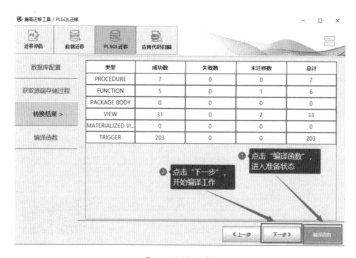

图 16 编译函数

编译完成后会展示编译结果，如下图所示：

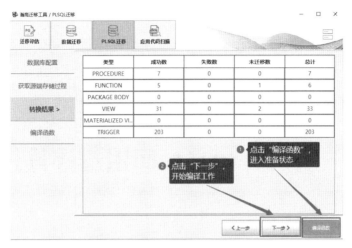

图 17 编译函数结果展示

第4章
JAVA 应用程序连接 HGDB

4.1 JDBC 的下载和配置

4.1.1. 瀚 高 JDBC 驱动下载

登录瀚高软件技术支持平台，输入文章编号 014448004，如右图所示：

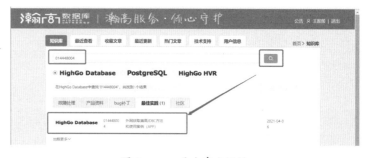

图 1support 平台官方网站

点击打开文章，根据文章描述进行操作，下载瀚高 JDBC 即可，如右图所示：

图 2 JDBC 下载信息

4.1.2.JDBC 驱动的参数配置

HGDB 驱动类：com.highgo.jdbc.Driver

URL 连接串：jdbc:highgo://localhost:5866/dbname

JDBC 驱动参数配置：

1. 加载驱动

Class.forName("com.highgo.jdbc.Driver");

2. 连接驱动

connection = DriverManager.getConnection(

"jdbc:highgo://localhost:5866/dbname","username","password ");

3.Hibernate SQL 方言：

org.hibernate.dialect.HgdbDialect

4.2 JAVA 应用程序开发案例

4.2.1.JDK 安装

1. 登录 JDK 官网

登录下方官网链接，下载对应的 JDK。（本案例是 JDK8）（请使用正版授权软件，并遵守其使用协议）

https://www.oracle.com/java/technologies/javase/javase-jdk8-downloads.html

2. 安装 JDK

找到下载完成后的可执行文件【jdk-8u261-windows-x64.exe】双击运行，打开 JDK 的安装向导，如下图所示：

图 3 JDK 安装向导

点击【下一步】进行自定义安装，如下图所示：

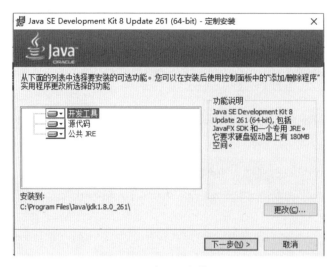

图 4 JDK 自定义安装路径

默认安装路径，点击【下一步】进行 JDK 安装，如下图所示：

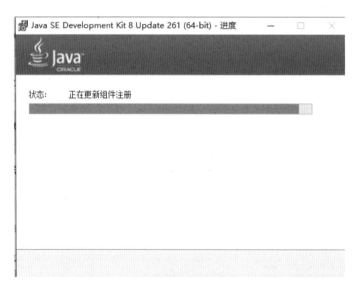

图 5 JDK 安装进度

等待安装完毕即可。

4.2.2. JAVA 环境变量配置

1. 配置 JAVA 环境变量

Windows 桌面找到"我的电脑"右键点击【属性】，如
右图所示：

图 6【我的电脑】属性

选择点击【高级系统设置】选项，点击【环境变量】进行配置，如下图所示：

图 7 高级系统设置

选择环境变量，新建环境变量，如下图所示：

图 8 建环境变量

新建 JAVA_HOME 系统变量，变量值为 Java 安装路径，如下图所示：

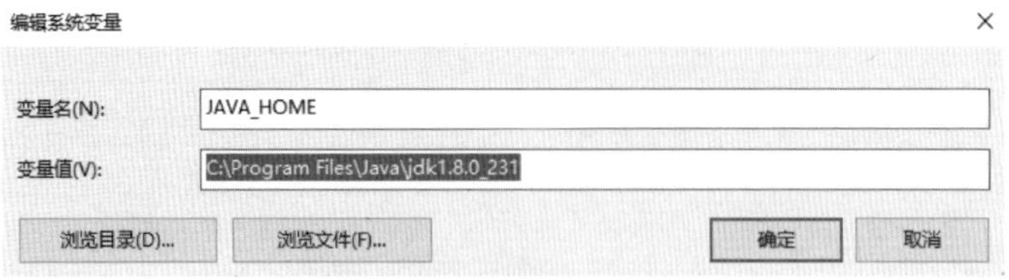

图 9 新建 JAVA_HOME 环境变量

编辑 Path 系统变量，变量值添加：%JAVA_HOME%\bin;%JAVA_HOME%\jre\bin;，如下图所示：

图 10 编辑 PATH 环境变量

在【系统变量】栏里，新建，变量名为"CLASSPATH"，变量值为".:%JAVA_HOME%\lib\dt.jar;%JAVA_HOME%\lib\tools.jar;"，如下图所示：

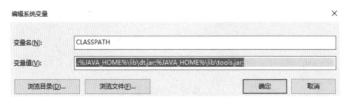

图 11 新建 CLASSPATH 环境变量

2. 检查 JAVA 环境变量是否配置成功

打开命令行提示符，输入 java、javac、java-version 检查 java 环境是否配置成功，如下图所示即为配置成功：

图 12 检查 JAVA 命令

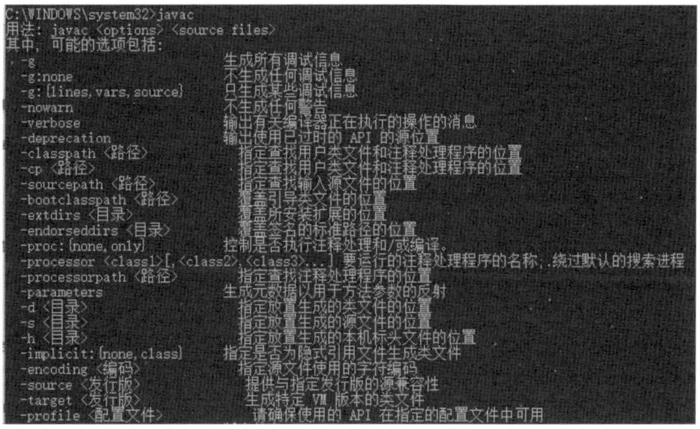

图 13 检查 JAVAC 命令

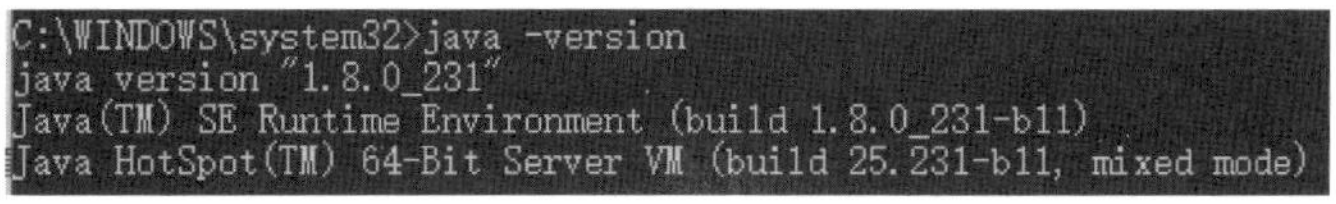

图 14 查看 JAVA 版本

4.2.3.Eclipse 环境搭建

1. 配置 JDK（请使用正版授权软件，并遵守其使用协议）

打开 eclipse，在菜单栏选择 Window → Preferences 选项，然后选择 Java → Installed JREs，最后点击【Add】，添加 JDK，如下图所示：

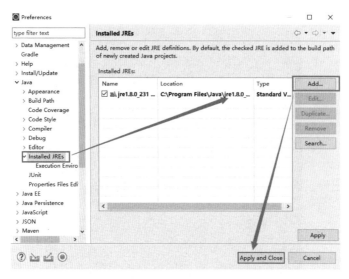

图 15 配置 JDK

2. 配置 tomcat

打开 eclipse，在菜单栏选择 Window → Preferences 选项，然后选择 Server → Runtime Environments，点击【Add】选择安装的 tomcat 的版本，并浏览加载，如下图所示：

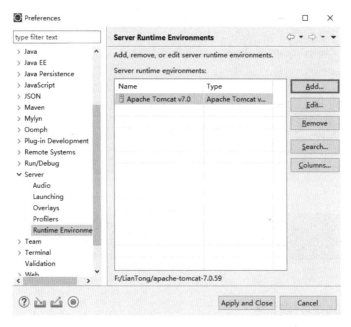

图 16 配置 tomcat

4.2.4. 配置 HGDB 的 JDBC 驱动

1.Java Web 项目

选中项目，并在 eclipse 的菜单栏中找到 Project → Properties → Java Build Path，如下图所示：

图 17 配置 JDBC 驱动

在这里有两种添加 jar 文件的方式：

（1）Add JARs

选择项目内部的 jar 文件进行添加（此种方式前提为此 jar 文件已经放到项目的目录下）。

（2）Add External JARs

为直接添加外部 jar 文件，选择本地计算机的 jar 文件，这种方式的缺陷是，当整个项目被迁移到另外一个环境中时，需要重新配置 jdbc。

不管采用哪种方式，在找到 jdbc 的 jar 包之后，将 jar 包添加到项目中即可。

JDBC 连接参数如下：

```
string url = "jdbc:highgo://IP 地址 : 端口号 / 数据库名 ";
string userName=" 用户名 ";
string password=" 密码 ";
```

2. Maven 项目

在使用 Maven 管理项目 jar 包时，只要把想要引用的 jar 配置在项目的 pom.xml 文件中就可以了，然后 Maven 会自动下载该 jar 包给程序使用。

瀚高数据库 JDBC 驱动的配置如下图所示：

```
<dependency>
        <groupId>com.highgo</groupId>
        <artifactId>HgdbJdbc</artifactId>
        <version>5.0.0.jre8</version>
</dependency>
```

只需要把以上配置添加到项目的 pom.xml 下即可（请使用最新的版本配置），若还是找不到驱动类，请 Maven 更新下项目。

具体操作：先在 src 文件夹下新建添加 lib 文件夹，然后将需要的 jar 包文件复制到 lib 文件夹下，如下图所示：

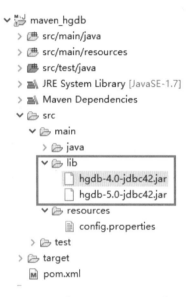

图 18 Maven 项目配置 JDBC 驱动

然后添加以下依赖到 pom.xml 文件中，如下图所示：

```
<dependency>
  <groupId>highgo</groupId>
  <artifactId>hgdb</artifactId>
  <version>5.0-42</version>
  <scope>system</scope>
  <systemPath>${basedir}\src\main\lib\hgdb-5.0-jdbc42.jar</systemPath>
</dependency>
```

图 19 瀚高 jdbc 依赖

<groupId> 和 <artifactId> 以及 <version> 可自己定义，最好符合 jar 包的名称以及来源，

<scope> 必须填写为 system，<systemPath> 填写 HGDB 的驱动 jar 包所在的路径。

```
<dependency>
    <groupId>highgo</groupId>
    <artifactId>hgdb</artifactId>
    <version>5.0-42</version>
    <scope>system</scope>
    <systemPath>${basedir}\src\main\lib\hgdb-5.0jdbc42.jar</systemPath>
</dependency>
```

4.2.5. 编写程序连接 HGDB

1. 确认 HGDB

连接 HGDB 中 highgo 数据库，以 student 表数据为例，如下图所示：

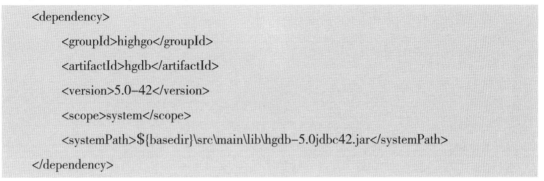

图 20 student 表数据查询

2. 新建连接数据库的 Java 类

选择 eclipse 的菜单栏，选择 File → New → Class，如下图所示：

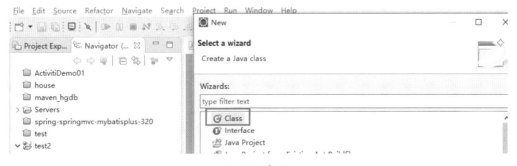

图 21 新建 class

3. 编写 class 类的 name 名称

比如 testhighgo，如下图所示：

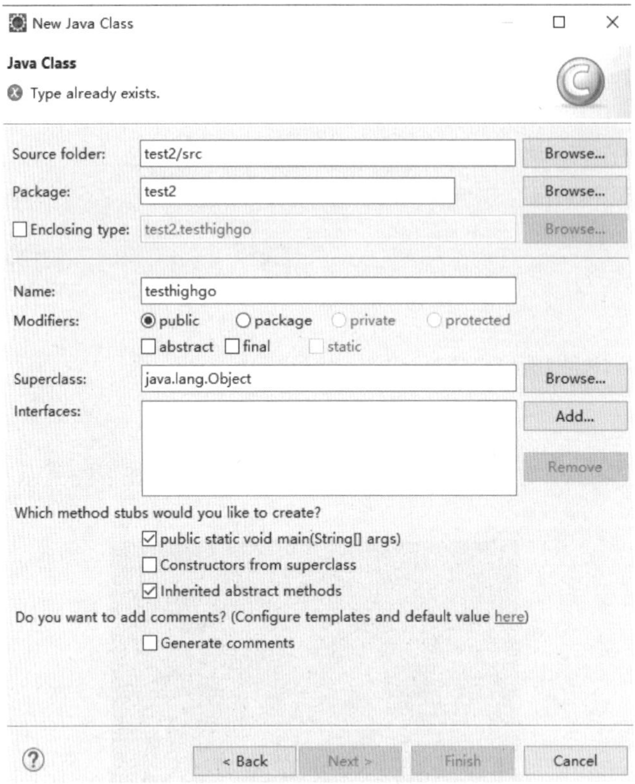

图 22 填写 class 类的名称

4. 编写 JAVA 程序代码

```java
package test2;
import java.sql.Connection;
import java.sql.DriverManager;
import java.sql.ResultSet;
import java.sql.Statement;
public class testhighgo {
    public static void main(String[] args){
        Connection ct = null;
        Statement sm = null;
        ResultSet rs = null;
        try{
            // 加载 HGDB 的驱动
```

```
                    Class.forName("com.highgo.jdbc.Driver");
ct = DriverManager.getConnection(
"jdbc:highgo://localhost:5866/highgo", "highgo", "highgov5!@87");
                sm = ct.createStatement();
            // 执行查询语句
            String sql = "select name,grade from student order by num";
            System.out.println("sql=====" + sql);
            rs = sm.executeQuery(sql);
            // 循环结果，并打印
            while (rs.next()){
System.out.println("name====" + rs.getString(1) + "          grade====" + rs.getString(2));    }
            // 抛出异常
        } catch (Exception e) {
            e.printStackTrace();
        } finally {
            // 关闭数据库连接
            try{
                if (rs != null){
                    rs.close();
                }
                if (sm != null){
                    sm.close();
                }
                if (ct != null){
                    ct.close();
                }
            } catch (Exception ex) {
                ex.printStackTrace();
            }
        }
    }
}
```

5. 编译运行

项目管理栏，选择 testhighgo，右键选择 Run As → Java Application，如下图所示：

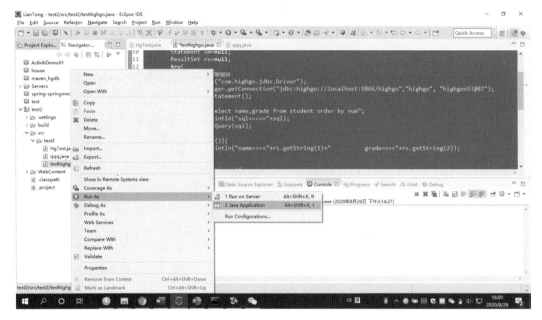

图 23 点击运行

6. 查看结果，如下图所示：

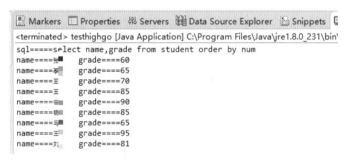

图 24 查看程序运行结果

从程序运行结果可以看出，应用程序成功读取了 HGDB 表中的数据。

4.3 其他语言的应用程序连接 HGDB 案例

4.3.1. 其他语言连接 HGDB 案例

1. 关联的 support ID

一级分类	二级分类	文章名称	support ID
应用迁移适配	.net	C# 程序迁移指南（APP）	016692104
应用迁移适配	php	PHP 项目适配 HGDB 配置案例（APP）	014749104

第 5 章
JAVA 框架适配 HGDB

上一章我们讲了 JAVA 应用程序连接 HGDB，使用的是 JDBC 连接方式。但是，在实际应用中，我们一般使用的是一些开源框架，能够极大地简化我们的工作。当然，在解决 JAVA 的问题时，JDBC 连接数据库也是能够提供很大的帮助。

下面我们讲解一些常用的并且需要与数据库进行交互的开源框架，以及这些开源框架是如何适配 HGDB 的。（请使用正版软件，并遵守其使用协议）

Druid、C3P0、DBCP 等是数据库连接池框架，目前用得比较多的是 Druid。与 HGDB 适配时，主要是修改数据库 JDBC 连接参数、"方言"等。

hibernate、mybatis 等是数据持久层（ORM Object Relational Mapping，对象—关系映射）框架。与 HGDB 适配时主要是修改"方言"等。

JAVA 连接数据库，需要对应数据库版本的 JDBC。JAVA 框架适配 HGDB 当然也不例外，在项目中要引入 HGDB 的 JDBC 包，具体引入方式请参考 5.2.4 章节。

5.1 Druid

5.1.1.Druid 概述

Druid 作为数据源（数据库连接池），集合了 c3p0、dbcp、proxool 等连接池的优点，还提供了监控功能，可以有效地监控 DB 池连接和 SQL 的执行情况。所以近几年的 java 项目中经常使用 Druid 作为连接池。Druid 在项目中该如何配置呢？

本小节我们以 SPRING 整合 Druid 为例进行讲解。

5.1.2.SPRING 整合 Druid

1.SPRING 配置

```xml
<!-- 数据源配置 -->
<bean id="dataSource" class="com.alibaba.druid.pool.DruidDataSource" init-method="init"
destroy-method="close">
    <!-- 数据源驱动类可不写，Druid 默认会自动根据 URL 识别 DriverClass -->
    <property name="driverClassName" value="${jdbc.driver}" />
    <!-- 基本属性 url、user、password -->
    <property name="url" value="${jdbc.url}" />
    <property name="username" value="${jdbc.username}" />
    <property name="password" value="${jdbc.password}" />
    <!-- 配置初始化大小、最小、最大 -->
    <property name="initialSize" value="${jdbc.pool.init}" />
    <property name="minIdle" value="${jdbc.pool.minIdle}" />
    <property name="maxActive" value="${jdbc.pool.maxActive}" />
    <!-- 配置获取连接等待超时的时间 -->
    <property name="maxWait" value="60000" />
    <!-- 配置间隔多久才进行一次检测，检测需要关闭的空闲连接，单位毫秒 -->
    <property name="timeBetweenEvictionRunsMillis" value="60000" />
    <!-- 配置一个连接在池中最小生存的时间，单位是毫秒 -->
    <property name="minEvictableIdleTimeMillis" value="300000" />
    <property name="validationQuery" value="${jdbc.testSql}" />
    <property name="testWhileIdle" value="true" />
    <property name="testOnBorrow" value="false" />
    <property name="testOnReturn" value="false" />
    <!-- 配置监控统计拦截的 filters -->
    <property name="filters" value="stat" />
</bean>
<!-- 声明任务工厂 -->
<bean id="schedulerFactoryBean" class="org.springframework.scheduling.quartz.SchedulerFactoryBean">
    <property name="dataSource" ref="dataSource" />
    <property name="configLocation" value="classpath:/properties/quartz.properties" />
</bean>
```

2.pom.xml 引入

```
<!-- connection pool -->
<dependency>
    <groupId>com.alibaba</groupId>
    <artifactId>druid</artifactId>
    <version>1.1.23</version>
</dependency>
```

3. 配置数据库连接，以 oracle 为例，配置连接信息，如下：

```
jdbc.type=oracle
jdbc.driver=oracle.jdbc.driver.OracleDriver
jdbc.url=jdbc:oracle:thin:@127.0.0.1:1521:orcl
jdbc.username=root
jdbc.password=xxxxxx
jdbc.testSql=SELECT 'x' FROM DUAL
```

4.web.xml 配置 Druid 监控

```
<servlet>
<servlet-name>DruidStatView</servlet-name>
<servlet-class> com.alibaba.druid.support.http.StatViewServlet
</servlet-class>
</servlet>
<servlet-mapping>
<servlet-name>DruidStatView</servlet-name>
<url-pattern>/druid/*</url-pattern>
</servlet-mapping>
```

到此 SPRING 整合 Druid 完成。

通过上述配置可以发现与数据库相关的信息都在 SPRING 配置文件中，需特别注意的是 Druid 可以通过 URL 进行判断数据库类型，如下图所示：

```
<!-- 数据源驱动类可不写，Druid 默认会自动根据 URL 识别 DriverClass -->
<property name="driverClassName" value="${jdbc.driver}" />
<!-- 基本属性 url、user、password -->
<property name="url" value="${jdbc.url}" />
<property name="username" value="${jdbc.username}" />
<property name="password" value="${jdbc.password}" />
```

图 1 SPRING 配置文件

5.1.3.Druid 配置 HGDB

Druid 能识别哪些数据库呢？通过查看 Druid 源码 com.alibaba.druid.util.JdbcUtils 类，代码如下：

```java
public static String getDbType ( String rawUrl,
String driverClassName) {
    if (rawUrl == null) {
        return null;
    }
    if (rawUrl.startsWith("jdbc:derby:")) {
        return DERBY;
        } else if (rawUrl.startsWith("jdbc:mysql:")
|| rawUrl.startsWith("jdbc:cobar:")) {
        return MYSQL;
    } else if (rawUrl.startsWith("jdbc:log4jdbc:")) {
        return LOG4JDBC;
    } else if (rawUrl.startsWith("jdbc:mariadb:")) {
        return MARIADB;
    } else if (rawUrl.startsWith("jdbc:oracle:")) {
        return ORACLE;
    } else if (rawUrl.startsWith("jdbc:alibaba:oracle:")) {
        return ALI_ORACLE;
    } else if (rawUrl.startsWith("jdbc:microsoft:")) {
        return SQL_SERVER;
    } else if (rawUrl.startsWith("jdbc:sqlserver:")) {
        return SQL_SERVER;
    } else if (rawUrl.startsWith("jdbc:sybase:Tds:")) {
        return SYBASE;
    } else if (rawUrl.startsWith("jdbc:jtds:")) {
        return JTDS;
    } else if (rawUrl.startsWith("jdbc:fake:")
|| rawUrl.startsWith("jdbc:mock:")) {
        return MOCK;
    } else if (rawUrl.startsWith("jdbc:postgresql:")) {
        return POSTGRESQL;
```

```
    } else if (rawUrl.startsWith("jdbc:hsqldb:")) {
        return HSQL;
    } else if (rawUrl.startsWith("jdbc:db2:")) {
        return DB2;
    } else if (rawUrl.startsWith("jdbc:sqlite:")) {
        return "sqlite";
    } else if (rawUrl.startsWith("jdbc:ingres:")) {
        return "ingres";
    } else if (rawUrl.startsWith("jdbc:h2:")) {
        return H2;
    } else if (rawUrl.startsWith("jdbc:mckoi:")) {
        return "mckoi";
    } else if (rawUrl.startsWith("jdbc:cloudscape:")) {
        return "cloudscape";
    } else if (rawUrl.startsWith("jdbc:informix-sqli:")) {
        return "informix";
    } else if (rawUrl.startsWith("jdbc:timesten:")) {
        return "timesten";
    } else if (rawUrl.startsWith("jdbc:as400:")) {
        return "as400";
    } else if (rawUrl.startsWith("jdbc:sapdb:")) {
        return "sapdb";
    } else if (rawUrl.startsWith("jdbc:JSQLConnect:")) {
        return "JSQLConnect";
    } else if (rawUrl.startsWith("jdbc:JTurbo:")) {
        return "JTurbo";
    } else if (rawUrl.startsWith("jdbc:firebirdsql:")) {
        return "firebirdsql";
    } else if (rawUrl.startsWith("jdbc:interbase:")) {
        return "interbase";
    } else if (rawUrl.startsWith("jdbc:pointbase:")) {
        return "pointbase";
    } else if (rawUrl.startsWith("jdbc:edbc:")) {
        return "edbc";
```

```
    } else if (rawUrl.startsWith("jdbc:mimer:multi1:")) {
        return "mimer";
    } else {
        return null;
    }
}
```

1. 针对此类中没有描述的数据库，特别是近几年新兴的国产数据库，应该如何配置 Druid 呢？下面以 HGDB 为例，配置连接如下所示：

```
jdbc.type=highgo
jdbc.driver=com.highgo.jdbc.Driver
jdbc.url=jdbc:highgo://localhost:5866/highgo
jdbc.username=highgo
jdbc.password=xxxxxx
#pool settings
jdbc.pool.init=1
jdbc.pool.minIdle=3
jdbc.pool.maxActive=20
#jdbc.testSql=SELECT 'x'
jdbc.testSql=SELECT 'x' FROM DUAL
```

2. 注意事项

配置 Druid 时应注意以下三点：

（1）Properties 文件中配置数据源时标明数据库类型

```
jdbc.driver=com.highgo.jdbc.Driver
```

（2）SPRING 配置中必须标注 driverclassname

```
<property name="driverClassName" value="${jdbc.driver}" />
```

（3）SPRING 配置中监控拦截级别不能设置为 wall

```
<property name="filters" value="stat" />
```

5.2 C3P0

5.2.1.C3P0 概述

C3P0 是一个开源的 JDBC 连接池，它实现了数据源和 JNDI 绑定，支持 JDBC3 规范和 JDBC2 的标准扩展。目前使用它的开源项目有 Hibernate、Spring 等。

5.2.2.C3P0 使用

Maven 项目中 c3p0 依赖，pom.xml 文件配置如下：

```xml
<dependency>
    <groupId>c3p0</groupId>
    <artifactId>c3p0</artifactId>
    <version>0.9.1.2</version>
</dependency>
<dependency>
    <groupId>com.mchange</groupId>
    <artifactId>c3p0</artifactId>
    <version>0.9.2.1</version>
</dependency>
<dependency>
    <groupId>highgo</groupId>
    <artifactId>highgo</artifactId>
    <version>5.0-42</version>
</dependency>
```

在以 spring、mybatis、c3p0 为框架搭建的项目案例中，spring 配置文件中，c3p0 部分连接参数示例，如下：

```xml
<bean id="dataSource"
class="com.mchange.v2.c3p0.ComboPooledDataSource" >
    <property name="jdbcUrl" value="${jdbc.url}"/>
    <property name="user" value="${jdbc.username}"/>
    <property name="password" value="${jdbc.password}"/>
    <property name="driverClass" value="${jdbc.driverClassName}"/>
    <!-- 连接池中保留的最大连接数。默认值：15 -->
```

```
    <property name="maxPoolSize" value="20"/>
    <!-- 连接池中保留的最小连接数，默认为：3 -->
    <property name="minPoolSize" value="2"/>
    <!-- 初始化连接池中的连接数，取值应在 minPoolSize 与 maxPoolSize 之间，默认
为 3 -->
    <property name="initialPoolSize" value="2"/>
    <!-- 最大空闲时间,60秒内未使用则连接被丢弃。若为 0 则永不丢弃。默认值：0 -->
    <property name="maxIdleTime" value="60"/>
</bean>
```

C3P0 详细参数请查询官网：https://www.mchange.com/projects/c3p0/

Java 框架中的配置参数为了维护方便、便于阅读，一般把一些参数放在配置文件中；
比如在此案例下，把 HGDB 的连接参数放在了 jdbc.properties 文件下，在 spring 配置文件
中使用 ${jdbc.url}，${jdbc.username}，${jdbc.password}，${jdbc.driverClassName} 来引用这
些参数；在 spring 配置文件中还有个引入配置文件的配置，如下：

```
<!-- 引入配置文件 -->
<context:property-placeholder location="classpath:jdbc.properties"/>
```

这样 spring 就会按照配置寻找 jdbc.properties 中的 jdbc.url、jdbc.driverClassName、jdbc.
password、jdbc.username 这四个参数；

jdbc.properties 中的内容，如下：

```
jdbc.url=jdbc:highgo://127.0.0.1:5866/myhgdb
jdbc.driverClassName=com.highgo.jdbc.Driver
jdbc.username=myuser
jdbc.password=xxxxxx
```

目前使用比较多的配置文件基本都是以 .xml、.properties、.yml 等结尾，其中还有的在
java 类中设置参数值。

C3P0 适配 HGDB 就是把 c3p0 的数据库连接参数改为 HGDB 的连接参数，只要把
jdbc.url、jdbc.driverClassName、jdbc.username、jdbc.password 修改为 HGDB 的连接参数即可。

5.3 Hibernate

5.3.1.Hibernate 概述

Hibernate 是一个开放源代码的对象关系映射框架，它对 JDBC 进行了非常轻量级的对象封装，它将 POJO 与数据库表建立映射关系，是一个全自动的 orm 框架，使得 Java 程序员可以随心所欲地使用对象编程思维来操纵数据库。 Hibernate 可以应用在任何使用 JDBC 的场合，既可以在 Java 的客户端程序使用，也可以在 Java Web 的应用中使用，最具革命意义的是，Hibernate 可以在应用 EJB 的 JaveEE 架构中取代 CMP，完成数据持久化的重任。

在 Hibernate 中只需要通过"方言"的形式指定当前使用的数据库，就可以根据底层数据库的实际情况生成适合的 SQL 语句。因此在使用 Hibernate 连接数据库时，我们主要关注的配置就是数据库方言这个参数。

Hibernate 使用 HGDB，只需要将"方言"这个配置参数，改为 HGDB 方言即可。

5.3.2.Hibernate HGDB "方言"

HGDB 针对 Hibernate 框架，封装了 HGDB 方言包，现有的 Hibernate HGDB 方言包支持的 Hibernate 版本，如右图所示：

- hgdb-hibernate-dialect-2.0.3.jar
- hgdb-hibernate-dialect-2.1.jar
- hgdb-hibernate-dialect-3.1.3.jar
- hgdb-hibernate-dialect-3.2.6.jar
- hgdb-hibernate-dialect-3.3.2.jar
- hgdb-hibernate-dialect-3.6.10.jar
- hgdb-hibernate-dialect-4.0.1.jar
- hgdb-hibernate-dialect-4.3.2.jar
- hgdb-hibernate-dialect-4.3.11.jar
- hgdb-hibernate-dialect-5.0.12.jar
- hgdb-hibernate-dialect-5.2.18.jar
- hgdb-hibernate-dialect-5.3.0.jar
- hgdb-hibernate-dialect-5.4.0.jar

对 Hibernate HGDB 方言包的说明如下：

1. 使用说明

HGDB 方言包是用于使用 Hibernate 开发提供支持的，该方言包使用依赖 hibernate-core，因此需要应用程序中已经添加了相关的依赖包后才能使用。

HGDB 方言包使用配置：org.hibernate.dialect.HgdbDialect

图 2 Hibernate HGDB 方言包

2. 版本说明

HGDB 方言包使用依赖 hibernate-core，所以方言包的版本需要与 hibernate-core 的版本对应，对应规则为：HGDB 方言包 jar 包名字末尾的编号即是对应的 hibernate-core 的版本号。例：hgdb-hibernate-dialect-5.4.0.jar，需要对应使用 hibernate-core 的 5.4.0 版本。

3. 编译环境说明

HGDB 的所有方言包均使用 jdk1.6 进行编译，所以需要在 jdk1.6 或以上的环境中使用。

如果使用的 hibernate 版本在 HGDB 方言包的版本中不存在，请修改一下项目的 hibernate
版本，只要 hibernate 的大版本号一致，基本就没有问题。

5.3.3. 使用示例

1.Hibernate HGDB 方言包引入 maven 仓库：

mvn install:install-file -Dfile=C:***\hgdb-hibernate-dialect-4.3.11.jar（本地绝对路径）
-DgroupId=highgo -DartifactId=hgdb-hibernate-dialect -Dversion=4.3.11 -Dpackaging=jar

执行结果，如下：

[WARNING]

[WARNING] Some problems were encountered while building the effective settings

[WARNING] Unrecognised tag: 'snapshotPolicy' (position: START_TAG seen ...</layout>\n
<snapshotPolicy>... @221:27) @ D:\apache-maven-3.6.2\bin\..\conf\settings.xml, line 221, column
27

[WARNING]

[INFO] Scanning for projects...

[INFO]

[INFO] -------------< org.apache.maven:standalone-pom >---------------

[INFO] Building Maven Stub Project (No POM) 1

[INFO] --------------------------------[pom]---------------------------

[INFO]

[INFO] --- maven-install-plugin:2.4:install-file (default-cli) @ standalone-pom ---

[INFO] Installing C:\Users***\Desktop\hgdb-hibernate-dialect-4.3.11.jar to D:\apache-
maven-3.6.2-m2\highgo\hgdb-hibernate-dialect\4.3.11\hgdb-hibernate-dialect-4.3.11.jar

[INFO] ---

[INFO] BUILD SUCCESS

[INFO] ---

[INFO] Total time: 1.153 s

[INFO] Finished at: 2020-08-26T15:39:53+08:00

[INFO] ---

2. 通过 maven 引入项目

pom.xml 文件添加依赖，如下：

<!-- hibernate 配置 -->

```
    <groupId>org.hibernate</groupId>
    <artifactId>hibernate-core</artifactId>
    <version>4.3.11.Final</version>
</dependency>
<dependency>
    <groupId>highgo</groupId>
    <artifactId>hgdb-hibernate-dialect</artifactId>
    <version>4.3.11</version>
</dependency>
<!-- HGDB jdbc-->
<dependency>
    <groupId>highgo</groupId>
    <artifactId>highgo</artifactId>
    <version>5.0-42</version>
</dependency>
```

3.Hibernate 配置

使用 spring、springmvc、hibernate、druid 框架搭建的项目，hibernate 相关配置示例如下：

```
<!-- 定义 Hibernate 的 Session 工厂 -->
<bean id="sessionFactory"
class="org.springframework.orm.hibernate4.LocalSessionFactoryBean">
<property name="dataSource" ref="dataSource" />
<property name="packagesToScan"><!-- 扫描基于 JPA 注解的 PO 类目录 -->
    <list>
            <value>com.entity</value>
    </list>
</property>
<!-- 指定 Hibernate 的属性信息 -->
    <property name="hibernateProperties">
        <props>
            <prop key="hibernate.dialect">
                org.hibernate.dialect.HgdbDialect
            </prop>
<!-- 在提供数据库操作里显示 SQL 方便开发期的调试，在部署时建议将其设计为
```

```
false -->
        <prop key="hibernate.show_sql">true</prop>
        <prop key="hibernate.cache.use_query_cache">false</prop>
    </props>
  </property>
</bean>
```

hibernate.dialect 参数修改为 HGDB 的配置，如下：

```
<prop key="hibernate.dialect">
    org.hibernate.dialect.HgdbDialect
</prop>
```

4.java 代码程序

```java
SysUser.java
@Entity
@Table(name = "sysuser")
public class SysUser {
@Id
@GeneratedValue(strategy = GenerationType.IDENTITY)
private int user_id;
private String user_name;
private String user_age;
public SysUser() {
    super();
}
public SysUser(int user_id, String user_name, String user_age) {
    super();
    this.user_id = user_id;
    this.user_name = user_name;
    this.user_age = user_age;
}
public int getUser_id() {
    return user_id;
}
public void setUser_id(int user_id) {
```

```
        this.user_id = user_id;
}
public String getUser_name() {
    return user_name;
}
public void setUser_name(String user_name) {
    this.user_name = user_name;
}
public String getUser_age() {
    return user_age;
}
public void setUser_age(String user_age) {
    this.user_age = user_age;
}
}


SysUserDao.java
@Repository
public class SysUserDao{

@Autowired
private SessionFactory sessionFactory;
public List<SysUser> getAllSysUserList() {
Query query = sessionFactory.getCurrentSession().createQuery("from SysUser");
int pageIndex=2;
int pageSize=3;
query.setFirstResult((pageIndex-1)*pageSize);
query.setMaxResults(pageSize);
List<SysUser> users = query.list();
return users;
}
public void saveUser(SysUser sysUser) {
    sessionFactory.getCurrentSession().save(sysUser);
}
```

```
    public SysUser findUserByUserId(int user_id) {
    return (SysUser) sessionFactory.getCurrentSession().createQuery(" from SysUser where user_id
= "+user_id).uniqueResult();
    }
    public void updateUser(SysUser sysUser) {
        Session session = sessionFactory.getCurrentSession();
        session.beginTransaction();
    String hql = ("UPDATE SysUser SET user_name=?, user_age=? where user_id=?");
        Query query = session.createQuery(hql);
        query.setParameter(0, sysUser.getUser_name());
        query.setParameter(1, sysUser.getUser_age());
        query.setParameter(2, sysUser.getUser_id());
        query.executeUpdate();
        session.getTransaction().commit();
    }
    public void deleteUser(SysUser sysUser) {
    sessionFactory.getCurrentSession().createQuery("delete SysUser where user_id = "+sysUser.
getUser_id()).executeUpdate();
    }
    }
```

数据库 sysuser 表数据，如下：

```
highgo=# select * from sysuser;
 user_id | user_name | user_age

---------+-----------+----------
     24 | van4      |    11
     25 | van5      |    11
     26 | van6      |    11
     27 | van7      |    11
     28 | van8      |    11
     29 | van9      |    11
     30 | van10     |    11
（7 行记录）
```

项目启动后，分页展示，如下图所示：

27	van7	11
28	van8	11
29	van9	11

图 3 Hibernate HGDB 方言包

查看 eclipse 控制台信息，分页语句已经修改为 HGDB 原生分页语法；如下图所示：

```
[DEBUG][2020-09-01 11:23:14 698][org.hibernate.hql.internal.ast.ErrorCounter]-
  [throwQueryException() : no errors]
[DEBUG][2020-09-01 11:23:14 705][org.hibernate.hql.internal.ast.QueryTranslatorImpl]-
  [HQL: from com.yf.entity.SysUser]
[DEBUG][2020-09-01 11:23:14 705][org.hibernate.hql.internal.ast.QueryTranslatorImpl]-
  [SQL: select sysuser0_.user_id as user_id1_0_, sysuser0_.user_age as user_age2_0_,
    sysuser0_.user_name as user_nam3_0_  from SysUser sysuser0_]
[DEBUG][2020-09-01 11:23:14 705][org.hibernate.hql.internal.ast.ErrorCounter]-
  [throwQueryException() : no errors]
[DEBUG][2020-09-01 11:23:14 717][org.hibernate.SQL]-
  [select sysuser0_.user_id as user_id1_0_, sysuser0_.user_age as user_age2_0_,
    sysuser0_.user_name as user_nam3_0_  from SysUser sysuser0_ limit ? offset ?]
  Hibernate: select sysuser0_.user_id as user_id1_0_, sysuser0_.user_age as user_age2_0_,
    sysuser0_.user_name as user_nam3_0_  from SysUser sysuser0_ limit ? offset ?
```

图 4 控制台信息

5.4 MyBatis

5.4.1.MyBatis 概述

MyBatis 是一款优秀的持久层框架，它支持自定义 SQL、存储过程以及高级映射。MyBatis 免除了几乎所有的 JDBC 代码以及设置参数和获取结果集的工作。MyBatis 可以通过简单的 XML 或注解来配置和映射原始类型、接口和 Java POJO（Plain Old Java Objects，普通老式 Java 对象）为数据库中的记录。

5.4.2.Mybatis 使用

Mybatis 使用 HGDB 时，Mybatis 的配置根据 Mybatis 官网对各版本的说明结合项目实际情况配置相关参数就行。需要关注的就是项目的分页语法。要根据项目实际情况，设置为 HGDB 支持的分页语法。HGDB 的原生分页语法见本章节 260 页 "1.HGDB 原生分页语法"；HGDB 在一些版本中，已经支持 rownum 分页语法，可手工写个 rownum 分页在 HGDB 中测试一下。

使用 spring、springmvc、mybatis、druid 框架搭建的项目中，spring 配置文件中，

mybatis 相关配置，如下：

```xml
<bean id="sqlSessionFactory"
                class="org.mybatis.spring.SqlSessionFactoryBean">
  <property name="dataSource" ref="dataSource" />
  <property name="configLocation"
value="classpath:mybatis-config.xml"></property>
<!-- 自动扫描 mapping.xml 文件 -->
  <property name="mapperLocations"
value="classpath:mapper/*.xml"></property>
  <property name="typeAliasesPackage" value="com.entity"></property>
</bean>
<bean class="org.mybatis.spring.mapper.MapperScannerConfigurer">
    <property name="basePackage" value="com.dao"/>
    <property name="sqlSessionFactoryBeanName"
value="sqlSessionFactory"/>
 </bean>
```

Mybatis 部分详细参数解释如下表，其他参数请查询官网：https://mybatis.org/mybatis-3/zh/index.html

设置名	描述	有效值	默认值
useGeneratedKeys	允许 JDBC 支持自动生成主键，需要数据库驱动支持。如果设置为 true，将强制使用自动生成主键。尽管一些数据库驱动不支持此特性，但仍可正常工作（如 Derby）。	true | false	FALSE
autoMappingBehavior	指定 MyBatis 应如何自动映射列到字段或属性。NONE 表示关闭自动映射；PARTIAL 只会自动映射没有定义嵌套结果映射的字段。FULL 会自动映射任何复杂的结果集（无论是否嵌套）。	NONE, PARTIAL, FULL	PARTIAL

续表

	指定发现自动映射目标未知列（或未知属性类型）的行为。NONE: 不做任何反应 WARNING: 输出警告日志（'org.apache.ibatis.session. AutoMappingUnknownColumnBehavior' 的日志等级必须设置为 WARN）FAILING: 映射失败（抛出 SqlSessionException)	NONE, WARNING, FAILING	NONE
autoMappingUnknownColumn Behavior			
mapUnderscoreToCamelCase	是否开启驼峰命名自动映射，即从经典数据库列名 A_COLUMN 映射到经典 Java 属性名 aColumn。	true | false	FALSE
returnInstanceForEmptyRow	当返回行的所有列都是空时，MyBatis 默认返回 null。当开启这个设置时，MyBatis 会返回一个空实例。请注意，它也适用于嵌套的结果集（如集合或关联）。（新增于 3.4.2）	true | false	FALSE
logPrefix	指定 MyBatis 增加到日志名称的前缀。	任何字符串	未设置
logImpl	指定 MyBatis 所用日志的具体实现，未指定时将自动查找。	SLF4J | LOG4J | LOG4J2 | JDK_LOGGING | COMMONS_LOGGING | STDOUT_LOGGING | NO_LOGGING	未设置

1.HGDB 原生分页语法

LIMIT 和 OFFSET 子句允许只取出查询结果中的一部分数据行：

SELECT select_list FROM table_expression [ORDER BY...]

[LIMIT{number|ALL}][OFFSETnumber]

如果给出了一个 LIMIT 计数，那么将返回不超过该数字的行（也可能更少些，因为可能查询本身生成的总行数就比较少）。LIMIT ALL 和省略 LIMIT 子句是一样的。

OFFSET 指明在开始返回行之前忽略多少行。OFFSET 0 和省略 OFFSET 和 LIMIT NULL 子句是一样的。如果 OFFSET 和 LIMIT 都出现了，那么在计算 OFFSET 之前先忽略 LIMIT 指定的行数。

使用 LIMIT 的同时使用 ORDER BY 子句把结果行约束成一个唯一的顺序是一个好主意。否则您就会得到一个不可预料的子集。您要的可能是第十到二十行，但是，以什么顺序排列的十到二十，除非您声明了 ORDER BY，否则顺序是未知的。

查询优化器在生成查询规划的时候会考虑 LIMIT，因此如果您给 LIMIT 和 OFFSET 的值不同，那么您很可能得到不同的规划（产生不同的行顺序）。因此，使用不同的 LIMIT/OFFSET 值选择不同的子集将得到不一致的结果，除非您用 ORDER BY 强制一个可预料的顺序。因为 SQL 没有许诺把查询的结果按照任何特定的顺序发出，除非用了 ORDER BY 来约束顺序。

HGDB 分页语法，如下：

```
create table mytable_limit_offset (
c1 int
);
insert into  mytable_limit_offset select generate_series(0, 7);
highgo=# select * from mytable_limit_offset;
c1
____
0
1
2
3
4
5
6
7
highgo=# select * from mytable_limit_offset order by c1 limit 3 offset 0;
 c1
____
 0
 1
 2
highgo=# select * from mytable_limit_offset order by c1 limit 3 offset 4;
 c1
____
 4
 5
```

```
    6
highgo=# select * from mytable_limit_offset limit 3 ;
 c1
____
  0
  1
  2
```

2.Mybatis 分页

使用 mybatis 框架时，如果分页是直接在 mapper.xml 文件中写的分页语法，如下：

```
<select id="getList" parameterType="SysUser" resultMap="SysUser">
SELECT user_id, user_name
  FROM sysuser
  limit #{pageSize} offset #{pageIndex}
</select>
```

需要将所有用到分页的地方都修改为 HGDB 支持的语法。因为每个文件都需要替换，因此管理起来还是不方便，因此在使用 mybatis 框架时，分页方式有一些是使用拦截器实现的；需要注意的是，在使用此方式时，需要将分页语法改为 HGDB 支持的语法。

Pagehelper：

（1）一般在使用 mybatis 框架时，都会使用 pagehelper 这个插件来分页；其实 pagehelper 的分页原理就是利用 mybatis 拦截器实现的物理分页。

（2）pagehelper 进行 HGDB 分页时，需要将 pagehelper 的 helperDialect 配置为"postgresql"，或者修改 pagehelper 的分页 sql 为 HGDB 支持的语法。

在不同版本的 pagehelper 中，有些版本可能本身没有实现"postgresql"这个配置；此时可考虑更换 pagehelper 版本，或者自己去用代码实现"postgresql"配置，或者直接修改 pagehelper 的分页 sql。

3.Mybatis 建议

在 Mybatis 的 mapper.xml 中我们很多时候喜欢使用 Map 传值，如下：

```
<select id="getList" resultType="java.util.Map" parameterType ="java.util.Map">
    SELECT user_id, user_name FROM sysuser
</select>
```

这里我们使用 Map 作为 resultType 和 parameterType，为提高代码可维护性，建议使用实体类传值，改为如下：

```
<select id="getList" resultType="com.entity.SysUser"
        parameterType ="com.entity.SysUser">
  SELECT user_id, user_name FROM sysuser
</select>
```

第6章
应用中间件配置 HGDB

6.1 Tomcat

6.1.1. 配置数据源

1. 数据库准备

（1）安装 HGDB 并创建一个名为 myhgdb 的库，用户名为 myuser，密码为 xxxxxx（自己定义的密码），并创建 myschema 模式。如果远程访问数据库，需要配置 postgresql.conf 和 pg_hba.conf 这两个数据库配置文件（具体配置可参考第 2 章）。

（2）使用如下 SQL 在 HGDB 中创建测试表，如下：

```
create table myschema.mytable(
id serial PRIMARY KEY,
name varchar(50) NOT NULL,
calssGrent varchar(50) NOT NULL ,
result varchar(12) NOT NULL
) ;
insert into myschema.mytable(name,calssGrent,result) values ('Tom',33','98'),('Jerry','30', '96');
```

（3）将驱动 jar 包放到 Tomcat 目录 %TOMCAT_HOME% /lib 下，并重启应用服务器。

2. 配置 Tomcat 数据源：有三种配置数据源的方式

方式一：单个应用独享数据源找到 Tomcat 的 conf 目录中的 server.xml 文件，在配置工程的 Context 节点中，添加数据源的配置，配置如下（下面的 IP 地址根据数据库实际安装情况配置）：

```
<Host name="localhost" appBase="webapps"
```

```
unpackWARs="true" autoDeploy="true">
<Context docBase="tomcattest" path="/tomcattest"
reloadable="true">
<Resource
name="jdbc/hgdb"
auth="Container"
type="javax.sql.DataSource"
driverClassName="com.highgo.jdbc.Driver"
url="jdbc:highgo://192.168.239.133:5866/myhgdb"
username="myuser"
password="myuser"
maxActive="100"
maxIdle="30"
maxWait="10000"
/>
</Context>
</Host>
```

方式二：配置全局 JNDI，应用到单个应用，找到 Tomcat 中的 server.xml 中 GlobalNamingResources 节点，在节点下加一个全局数据源，如下：

```
<GlobalNamingResources>
<Resource
name="jdbc/hgdb"
auth="Container"
type="javax.sql.DataSource"
driverClassName="com.highgo.jdbc.Driver"
url="jdbc:highgo://192.168.239.133:5866/myhgdb"
username="myuser"
password="myuser"
maxActive="100"
maxIdle="30"
maxWait="10000"
/>
</GlobalNamingResources>
```

在 server.xml 中找到工程对应的 Context 节点，添加对全局数据源的引用 ResourceLink，如下：

```
<Host name="localhost" appBase="webapps"unpackWARs="true" autoDeploy="true">
<Context
docBase="tomcattest"
path="/tomcattest"
reloadable="true">
<ResourceLink
global="jdbc/hgdb"
name="jdbc/hgdb"
type="javax.sql.DataSource"
/>
</Context>
</Host>
```

方式三：配置全局 JNDI，应用到所有项目，找到 Tomcat 中的 server.xml 中 GlobalNamingResources 节点，在节点下加一个全局数据源，如下：

```
<GlobalNamingResources>
<Resource
name="jdbc/hgdb"
auth="Container"
type="javax.sql.DataSource"
driverClassName="com.highgo.jdbc.Driver"
url="jdbc:highgo://192.168.239.133:5866/myhgdb"
username="myuser"
password="myuser"
maxActive="100"
maxIdle="30"
maxWait="10000"
/>
</GlobalNamingResources>
```

在 Tomcat 的 context.xml 文件中，在 Context 节点下使用 ResourceLink 进行数据源配置引用，如下：

```
<Context>
```

```
<ResourceLink
global="jdbc/hgdb"
name="jdbc/hgdb"
type="javax.sql.DataSource"
/>
</Context>
```

6.1.2. 部署应用

由于数据源是配置在 Tomcat 容器中，因此程序在使用时需到容器中通过 JNDI 名称进行调用，如图在 web.xml 中进行配置，如下：

```xml
<?xml version="1.0" encoding="UTF-8"?>
<web-app xmlns="http://xmlns.jcp.org/xml/ns/javaee"
    xmlns:xsi="http://www.w3.org/2001/XMLSchema-instance"
    xsi:schemaLocation="http://xmlns.jcp.org/xml/ns/javaee http://xmlns.jcp.org/xml/ns/javaee/web-app_4_0.xsd"
    version="4.0">
    <welcome-file-list>
        <welcome-file>index.jsp</welcome-file>
    </welcome-file-list>
    <resource-ref>
        <description>JNDI DataSource</description>
        <res-ref-name>jdbc/hgdb</res-ref-name>
        <res-type>javax.sql.DataSource</res-type>
        <res-auth>Container</res-auth>
    </resource-ref>
</web-app>
```

图 1 web.xml 配置 JNDI

在 Java 中获取数据源，如下图所示：

```java
DataSource ds = null;
try {
    Context initCtx = new InitialContext();
    if (initCtx == null) {
        throw new Exception("Initial Failed!");
    }
    Context ctx = (Context) initCtx.lookup("java:comp/env");
    if (ctx != null) {
        ds = (DataSource) ctx.lookup("jdbc/hgdb");
    }
    if (ds == null) {
        throw new Exception("Get DataSource Failed!");
    }
} catch (Exception e) {
    System.out.println(e.getMessage());
}
```

图 2 获取数据源

在 Java 中获取连接并查询数据，如下图所示：

```
Connection conn = ds.getConnection();
Statement stmt = conn.createStatement();
ResultSet rs = stmt.executeQuery("select id, name from mytable");
while (rs.next()) {
%>
<%=rs.getInt(1)%>
<%=rs.getString(2)%>
<br />
<%
}
rs.close();
stmt.close();
conn.close();
%>
```

图 3 获取连接并查询数据

发布应用，将应用放到 Tomcat 目录的 webapps 下，启动 bin 目录下的 start.bat（Linux 启动 start.sh）。

6.1.3. 访问应用

输入在 server.xml 中配置的 url，访问应用，如下图所示：

图 4 访问应用

6.1.4. 国产中间件

其他国产中间件配置信息，请参考平台文章：019313404、015372504、016863304。

第 7 章
JAVA 应用适配相关问题的解决方法

7.1 与 Oracle 语法的兼容

7.1.1. 问题描述

oracle listagg() ... within group(order by) 在 HGDB 中的实现。

7.1.2. 解决方法

1.oracle 中的例子，如下：

```
create table orcl_listagg_ivan (la_id number,la_name varchar2(50),la_num number);
insert into orcl_listagg_ivan(la_id, la_name,la_num)values(1, ' 瀚高济南 1',1);
insert into orcl_listagg_ivan(la_id, la_name,la_num)values(1, ' 瀚高 1',2);
insert into orcl_listagg_ivan(la_id, la_name,la_num)values(1, ' 瀚高青岛 1',3);
insert into orcl_listagg_ivan(la_id, la_name,la_num)values(2, ' 瀚高成都 2',6);
insert into orcl_listagg_ivan(la_id, la_name,la_num)values(2, ' 瀚高青岛 2',5);
insert into orcl_listagg_ivan(la_id, la_name,la_num)values(2, ' 瀚高济南 2',4);
insert into orcl_listagg_ivan(la_id, la_name,la_num)values(2, ' 瀚高 2',7);
commit;
SQL> select * from orcl_listagg_ivan;
```

LA_ID	LA_NAME	LA_NUM
1	瀚高济南 1	1
1	瀚高 1	2
1	瀚高青岛 1	3

2	瀚高成都2	6
2	瀚高青岛2	5
2	瀚高济南2	4
2	瀚高2	7

已选择7行。

```
SQL> select la_id,LISTAGG(la_name,',') within group(order by la_num desc) from orcl_
listagg_ivan group by la_id;
    LA_ID LISTAGG(LA_NAME,',')WITHINGROUP(ORDERBYLA_NUMDESC)
---------- -----------------------------------------------------------
        1  瀚高青岛1，瀚高1，瀚高济南1
        2  瀚高2，瀚高成都2，瀚高青岛2，瀚高济南2
```

2.HGDB 中的例子，如下：

```
create table hgdb_listagg_ivan (la_id number,la_name varchar2(50),la_num number);
insert into hgdb_listagg_ivan(la_id, la_name,la_num)values(1, ' 瀚高济南 1',1);
insert into hgdb_listagg_ivan(la_id, la_name,la_num)values(1, ' 瀚高 1',2);
insert into hgdb_listagg_ivan(la_id, la_name,la_num)values(1, ' 瀚高青岛 1',3);
insert into hgdb_listagg_ivan(la_id, la_num)values(1, 8);
insert into hgdb_listagg_ivan(la_id, la_name,la_num)values(1, ' 瀚高 "4007088006" 瀚高 ',9);
insert into hgdb_listagg_ivan(la_id, la_name,la_num)values(2, ' 瀚高成都 2',6);
insert into hgdb_listagg_ivan(la_id, la_name,la_num)values(2, ' 瀚高青岛 2',5);
insert into hgdb_listagg_ivan(la_id, la_name,la_num)values(2, ' 瀚高济南 2',4);
insert into hgdb_listagg_ivan(la_id, la_name,la_num)values(2, ' 瀚高 2',7);
```

（1）双引号作为 quote 字符，转义文本内的双引号，空值使用 NULL 表示，如下：

```
highgo=# select la_id,string_agg(coalesce('"'||replace(la_name,'"','\"')||'"','NULL'),',' order by
la_num desc) from hgdb_listagg_ivan group by la_id;
 la_id |                    string_agg
-------+-----------------------------------------------------------
     1 | " 瀚高 \"4007088006\" 瀚高 ","","," 瀚高青岛 1"," 瀚高 1"," 瀚高济南 1"
     2 | " 瀚高 2"," 瀚高成都 2"," 瀚高青岛 2"," 瀚高济南 2"
(2 行记录 )
```

（2）不使用 quote，直接去除 NULL 值，如下：

```
highgo=# select la_id,string_agg(la_name,','order by la_num desc) from hgdb_listagg_ivan
group by la_id;
    la_id |                string_agg
 ---------+------------------------------------------------------------
        1 | 瀚高 "4007088006" 瀚高 , 瀚高青岛 1, 瀚高 1, 瀚高济南 1
        2 | 瀚高 2, 瀚高成都 2, 瀚高青岛 2, 瀚高济南 2
(2 行记录 )
```

（3）只使用 listagg( )，如下：

```
highgo=# select la_id,listagg(la_name,',') from hgdb_listagg_ivan group by la_id;
la_id | listagg
 ---------+------------------------------------------------------------
1     | 瀚高济南 1, 瀚高 1, 瀚高青岛 1, 瀚高 "4007088006" 瀚高
2     | 瀚高成都 2, 瀚高青岛 2, 瀚高济南 2, 瀚高 2
(2 行记录 )
highgo=# select la_id,listagg(la_name) from hgdb_listagg_ivan group by la_id;
la_id | listagg
 ---------+------------------------------------------------------------
1     | 瀚高济南 1 瀚高 1 瀚高青岛 1 瀚高 "4007088006" 瀚高
2     | 瀚高成都 2 瀚高青岛 2 瀚高济南 2 瀚高 2
(2 行记录 )
```

因此，如果只是使用了 listagg 的话是不需要修改的。

7.1.3. 关联的 support ID

一级分类	二级分类	文章名称	support ID
迁移	Oracle → HGDB	瀚高数据库实现 oracle listagg() ... within group(order by)（APP ）	014217704

7.2 应用连接 HGDB 报 SSL 异常

7.2.1. 问题描述

应用报错，如下：

com.highgo.jdbc.HGDBException:"127.0.0.1","sysdba" "paltform4" SSL pg_hba.conf

注：数据库 pg_hba.conf 文件中，配置的数据库的 IP 地址访问限制（使用了 ssl 协议）为 hostssl all all 127.0.0.1/32 md5，而连接池配置的 URL（未使用 ssl 协议，故会报此错误）为：jdbc:highgo://localhost:5866/platform4。

7.2.2. 解决方法

SSL(Secure Sockets Layer）是一种保证数据安全完整的一组协议，安全版数据库默认使用 hostssl 安全协议的。

1. 不使用 SSL 协议，在 pg_hba.conf 文件中 "# IPv4 local connections:" 下添加一行：

host all all 127.0.0.1/32 md5

2. 使用 SSL 加密协议，URL 需要这样配置：

jdbc.url=jdbc:highgo://127.0.0.1:5866/safemail? ssl=true&&sslfactory=com.highgo.jdbc.ssl.NonValidatingFactoy

7.2.3. 关联的 support ID

一级分类	二级分类	文章名称	support ID
应用迁移适配	java	客户应用报错：com.highgo.jdbc.HGDBException: 127.0.0.1","sysdba" "paltform4" SSL pg_hba.conf （APP）	018089501

7.3 Tomcat 报重新连接 HGDB 错误

7.3.1. 问题描述

客户机国产操作系统环境，在毫秒级别的时间间隔内，Tomcat 后台日志不断刷新应用系统重新连接 HGDB 的警告信息，报错信息，如下图所示：

注：客户应用系统创建连接池时，最大空闲时间（maxIdleTime）参数值，检查空闲连接（idleConnectionTestPeriod）参数的值，小于 HGDB，超时自动断开参数（hg_ClientNoInput）的值。

```
com.highgo.jdbc.util.PSQLWarning:
----------------------------------------
Login User: sysdba
Login time: 2019-08-03 05:32:19.107588+08
Login Address: 127.0.0.1
Last Login Status: SUCCESS
Login Failures: 0
Valied Until: 2099-12-31 00:00:00+08
----------------------------------------
        at com.highgo.jdbc.core.v3.QueryExecutorImpl.receiveNoticeResponse(QueryExecutorImpl.java:2493)
        at com.highgo.jdbc.core.v3.QueryExecutorImpl.readStartupMessages(QueryExecutorImpl.java:2606)
        at com.highgo.jdbc.core.v3.QueryExecutorImpl.<init>(QueryExecutorImpl.java:125)
        at com.highgo.jdbc.core.v3.ConnectionFactoryImpl.openConnectionImpl(ConnectionFactoryImpl.java:227)
        at com.highgo.jdbc.core.ConnectionFactory.openConnection(ConnectionFactory.java:49)
        at com.highgo.jdbc.jdbc.PgConnection.<init>(PgConnection.java:194)
        at com.highgo.jdbc.Driver.makeConnection(Driver.java:449)
        at com.highgo.jdbc.Driver.connect(Driver.java:251)
        at com.mchange.v2.c3p0.DriverManagerDataSource.getConnection(DriverManagerDataSource.java:135)
        at com.mchange.v2.c3p0.WrapperConnectionPoolDataSource.getPooledConnection(WrapperConnectionPoolDataSource.java:182)
        at com.mchange.v2.c3p0.WrapperConnectionPoolDataSource.getPooledConnection(WrapperConnectionPoolDataSource.java:171)
        at com.mchange.v2.c3p0.impl.C3P0PooledConnectionPool$1PooledConnectionResourcePoolManager.acquireResource(C3P0PooledConnectionPool.java:137)
        at com.mchange.v2.resourcepool.BasicResourcePool.doAcquire(BasicResourcePool.java:1014)
        at com.mchange.v2.resourcepool.BasicResourcePool.access$800(BasicResourcePool.java:32)
        at com.mchange.v2.resourcepool.BasicResourcePool$AcquireTask.run(BasicResourcePool.java:1810)
        at com.mchange.v2.async.ThreadPoolAsynchronousRunner$PoolThread.run(ThreadPoolAsynchronousRunner.java:547)
Hibernate: select count(*) count from me_message me where me.receiveUserId = ? and me.sendDate >= ? and me.sendDate <=? and me.isRead = 0
Hibernate: select count(*) count from me_message me where me.receiveUserId = ? and me.sendDate >= ? and me.sendDate <=? and me.isRead = 0
Hibernate: select count(*) count from me_message me where me.receiveUserId = ? and me.sendDate >= ? and me.sendDate <=? and me.isRead = 0
05:39:49,125 INFO SQLWarnings:43 -
----------------------------------------
Login User: sysdba
Login time: 2019-08-03 05:39:49.122543+08
Login Address: 127.0.0.1
Last Login Status: SUCCESS
Login Failures: 0
Valied Until: 2099-12-31 00:00:00+08
----------------------------------------
```

图 1 Tomcat 报错信息

7.3.2. 解决方法

两种解决方法：

1. 配置连接池的参数

最大空闲时间（maxIdleTime）参数的值和检查空闲连接（idleConnectionTestPeriod）参数的值设置为 0，默认连接池不检查。

2. 使用 syssso 安全管理用户执行 set_secure_param（）函数

例如：

```
select set_secure_param('hg_ClientNoInput','-1');
```

将超时自动断开参数（hg_ClientNoInput）设置为 -1，使用连接池的参数设置。

7.3.3. 关联的 support ID

一级分类	二级分类	文章名称	support ID
应用迁移适配	java	Tomcat 后台日志不断刷新应用系统重新连接 HGDB 的警告信息（APP）	017961701

7.4 MySQL 的 Group By 语法的兼容

7.4.1. 问题描述

MySQL5.6 的 Group By 语法到 HGDB 的迁移：

对于 GROUP BY 聚合操作，如果在 SELECT 中的字段，没有在 GROUP BY 中出现，那么这个 SQL 是不合法的，但是在 MySQL5.6 版本中不会报错，GROUP BY 以外的字段取分组中的第一条数据。

例如：

SELECT A, B, C, D, COUNT(*) FROM tablename GROUP BY A,B；

注：检索字段 C 和 D 不在 GROUP BY 中 。

由于 HGDB 严格遵守 SQL 标准，上面 SQL 语句执行报错，需要通过改写 SQL 语句的方式实现同样的功能。

7.4.2. 解决方法

MySQL5.6 语句，如下：

SELECT sid, sname, ssex, SUM(score) FROM students WHERE xxx GROUP BY ssex；

注：sid、sname 在 GROUP BY 中没有出现。

HGDB 的解决方案：

方案一：

SELECT 中存在，但是 GROUP BY 中没有的字段（sid、sname），有下面情况时，从 SELECT 中把多余的字段删除：

1.这种字段在 SQL 语句中没有被使用。

2.这种字段在后续代码中没有被使用。

3.这种字段在画面上也没有被使用，也不显示。

注：这种字段从未被使用过，这种写法单纯是写错了的情况。

方案二：

SELECT 中存在，但是 GROUP BY 中没有的字段（sid、sname），有下面情况时，采用下面改写方案：

1.这种字段在 SQL 语句中被使用。

2.这种字段在后续代码中被使用。

3. 这种字段在画面上有显示。

注：这种字段应该是业务需要。

HGDB 改写后，如下：

```
SELECT * FROM
( SELECT a.sid, a.sname, a.ssex, SUM(a.score) OVER(PARTITION BY a.ssex),
ROW_NUMBER() OVER(PARTITION BY a.ssex) as rowno FROM students a WHERE a.xxx)
WHERE rowno = 1;
```

注：改写后的检索结果和 MySQL 的结果有不一致的情况，需要用同样的数据进行对比验证。

方案三：

分析 SQL 语句，GROUP BY 的字段如果和 GROUP BY 以外的检索字段一一对应时，可以在 GROUP BY 以外的检索字段上加上 Max 函数。MySQL5.6 示例如下：

```
SELECT stu_name, SUM(grade) FROM student GROUP BY stu_sex;
```

注：假定 stu_sex 和 stu_name 一一对应，例如：性别是男的学生全是小刘，是女的学生全是小王。

HGDB 改写后，如下：

```
SELECT MAX(stu_name), SUM(grade) FROM student GROUP BY stu_sex;
```

7.4.3. 关联的 support ID

一级分类	二级分类	文章名称	support ID
迁移	MySQL → HGDB	MySQL5.6 的 Group By 语法到 HGDB 的迁移（APP）	017258504

7.5 类型转换

7.5.1. 问题描述

在应用迁移适配过程中，应用测试可能会遇到异常，数据库日志报错，如下：

```
2020-06-1816:38:35.990 CST,"pmweb","pmweb",19406,"xx.xx.xx.xx:58236",5eeb2495.4bce
,516,"PARSE",
2020-06-18 16:23:49 CST,17/237,0,ERROR,42804,"column ""is_carry_forward""
```

is of type numeric but expression is of type boolean",,"You will need to rewrite or cast the expression.",,,,"insert into pm_j_acnt

注：为了隐私，避免出现具体的 IP 地址信息，上述日志的 IP 信息用 xx 代替。

出现该问题的原因是表中的列"is_carry_forward"是数值（numeric）类型的，而 insert 语句中对应该列值的表达式值却是布尔（boolean）类型。由于 HGDB 是强类型的，并没有默认自动转换，所以会报错。

根据以上问题描述，可以通过自定义数据类型转换来解决。

7.5.2. 解决方法

创建类型转换，如下：

```
create or replace function boolean_to_numeric( boolean )
returns numeric as $$
 select $1::integer::numeric;
 $$ language sql strict;


create cast ( boolean as numeric ) with function boolean_to_numeric( boolean ) as implicit;
```

执行完上面的类型转换创建，再打开应用进行测试，就不会报错了。

注意：如果增加类似的自定义类型转换过多，可能会报以下错误：

ERROR,42725,"operator is not unique: numeric = boolean",,"Could not choose a best candidate operator. You might need to add explicit type casts."

无法选择最佳候选操作符。您可能需要添加显式类型强制转换。

此时，就要检查类似的自定义类型转换，去掉繁琐且可能造成转换死循环的自定义类型，选择最优的留下。

7.5.3. 关联的 support ID

一级分类	二级分类	文章名称	support ID
应用迁移适配	java	迁移过程中将布尔类型转为数值类型（APP）	015714401

7.6 Spring 整合 Activiti

7.6.1. 问题描述

Spring 整合 Activiti 6.0.0 和 7.0.0.Beta1 两个版本，在 HGDB 初始化到指定 schema。

7.6.2. 解决方法

1.Activiti 参数

Spring 整合 Activiti 时，首先修改 / 添加 databaseType 参数，如下：

`<property name="databaseType" value="postgres"/>`

2.Activiti 自带表初始化到当前数据库的指定 schema 下。

此平台下文章:《014834704 Activiti 连接瀚高数据库(APP)》，是创建的 activiti 数据库，activiti 用户和 activiti schema，因此 activiti 初始化时，自动初始化到了 activiti schema 下；如果不创建 activiti 数据库，activiti 用户和 activiti schema，是默认初始化到 public 下的。

如果想要初始化到当前数据库的指定 schema 下，应该怎么实现？

方法是修改 activiti 源码包，6.0.0 和 7.0.0.Beta1 两个版本已经实现了此功能；可根据 6.0.0 和 7.0.0.Beta1 两个版本的操作方式修改 5.22.0 版本的源码即可。

具体操作如下，以 6.0.0 为例：

（1）打开 6.0.0 的 jar 包，如下图所示：

图 2 Eclipse 上 activiti 的 jar 包列表

（2）找到初始化的 sql，修改后，如下图所示：（在 table 前加上 schema，前提需要在 HGDB 中建好这个 schema）

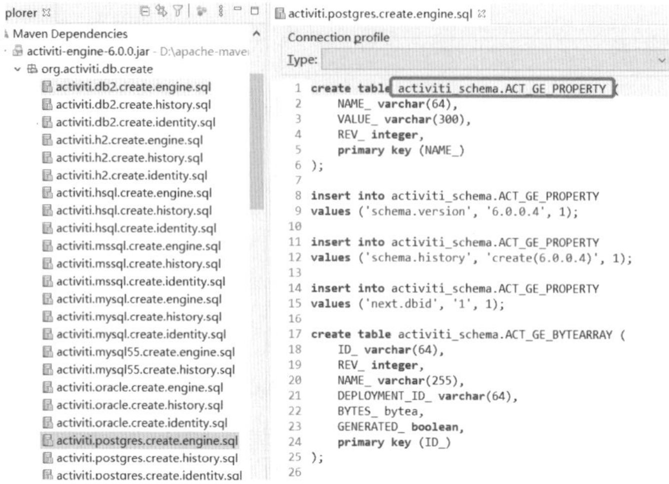

图 3 activiti 上初始化 sql 的修改

（3）修改后，用解压缩工具打开 jar，直接覆盖原来的 sql 文件（记得备份）。然后刷新项目或 Update Project，确保修改的生效。目前只找到了这个解决办法，Activiti 的其他配置参数，发现不起作用。

启动项目，可能会有报错，如下：

Error querying database.

　Cause: com.highgo.jdbc.util.PSQLException:

　ERROR: 42P01: relation "act_ge_property" does not exist 位置：15

The error may exist in org/activiti/db/mapping/entity/Property.xml

The error may involve org.activiti.engine.impl.persistence.entity.PropertyEntityImpl.

selectProperty-Inline

The error occurred while setting parameters

SQL: select * from ACT_GE_PROPERTY where NAME_ = ?

Cause: com.highgo.jdbc.util.PSQLException: ERROR: 42P01: relation "act_ge_property"

does not exist

这是表不存在的问题，但是发现数据库表已经初始化进去了；然后修改 HGDB 的 search_path 添加上当前 schema 重启数据库使之生效后，还是报同样的错误。

（4）然后去找 org/activiti/db/mapping/entity/Property.xml 中的报错位置，如下图所示：

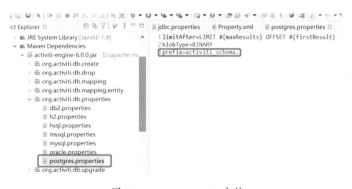

图 4 Property.xml 报错信息的位置

发现表前面都有 ${prefix} 参数，因此判断是引用了这个参数，与数据库无关；

（5）两种解决方案：

第一种：添加配置参数

```
<property name="databaseTablePrefix" value="activiti_schema."/>
```

第二种：修改源码包

找到 postgres.properties 添加 prefix= 当前 schema，如下图所示：

图 5 postgres.properties 文件

然后解压缩工具覆盖替换；记得刷新项目或 Update Project，确保修改的内容生效。

重启项目，发现问题已经解决。

本文仅是 6.0.0 和 7.0.0.Beta1 两个版本在初始化时指定 schema 的问题，后期的使用有无隐患问题，尚且未知。

拓展：由于 Activiti 在数据库进行初始化时，需要匹配数据库，因此如果是从其他数据库迁移到 HGDB 的，而不是在 HGDB 进行的初始化，则会有类型不匹配问题：

1. 如果是新上线系统，没有历史数据，建议不迁移 Activiti 相关表，直接从 HGDB 初始化；

2. 如果有历史数据，则直接用瀚高迁移工具迁移，对于类型不匹配问题的解决思路：

（1）先尝试用创建类型转换的方法处理；

（2）再尝试用触发器解决；

（3）最后修改 Activiti 源码包中的 xml 配置文件，在配置文件的 sql 中加入类型转换。

虽然是修改源码包，但是不涉及反编译，只涉及解压缩和替换更新，因此操作很简单。

7.6.3. 关联的 support ID

一级分类	二级分类	文章名称	support ID
应用迁移适配	java	Spring 整合 Activiti，在瀚高数据库初始化时指定 schema 解决方案（APP）	017243004

7.7 对 Oracle 伪列 rownum 的兼容

7.7.1. 问题描述

Oracle 中，更新时用 rownum 是可以限制条数的，如下：

```
update test set name = 'test' where name = 'aaa' and rownum=1;
```

在 HGDB 中，是没有 rownum 的，执行会报错。

7.7.2. 解决方法

HGDB 中用 limit 来代替 Oracle 的 rownum，在 select 中是可以使用的。但是，在更新和删除时会报错。

创建测试表，如下：

```
create table test (id int,name varchar(30));
insert into test values(1,'aaa');
insert into test values(2,null);
insert into test values(3,'aaa');
insert into test values(4,'');
```

执行更新，如下：

```
update test set name = 'test' where name = 'aaa' limit 1;
```

更新失败，错误信息，如下图所示：

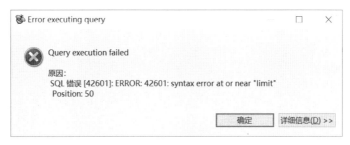

图 6 更新失败错误信息

因为 HGDB 不能将 limit 子句用于 update，正确方法，如下：

with cte as (select ctid from test where name = 'aaa' limit 1)

update test set name = 'test' where ctid in (select ctid from cte);

同理 delete，如下：

with cte as (select ctid from test where name = 'aaa' limit 1)

delete from test where ctid in (select ctid from cte);

Oracle 中，rownum 限制条数不仅可以用于 select，同时也对 insert、update 等生效。

HGDB 中，limit 只能用于 select，不能在 update 和 delete 中使用，需要结合 with 表达式来使用。

7.7.3. 关联的 support ID

一级分类	二级分类	文章名称	support ID
迁移	Oracle → HGDB	新增修改中 rownum 的兼容（APP）	013264504

7.8 HGDB 与 MySQL 的分区表的兼容

7.8.1. 问题描述

MySQL 常见的分区为：原生 range 分区、range columns 分区和 maxvalue 的使用，这三种 MySQL 常见的分区在 HGDB 中都有与之相对应的方法。

7.8.2. 解决方法

在 HGDB 中，没有原生 range 分区和 range columns 分区的区分，而且数字类型和时间类型全能作为分区字段。下面介绍 MySQL 三种常见的分区在 HGDB 中与之相对应的方法。

1. 与原生 range 分区相对应的方法：

```
-- 创建分区表及创建分区
create table student(
        sid serial,
        sname varchar(20),
        score integer,
        birthday timestamp(0),
        ssex varchar(10)
partition by range(score));
create table p0 partition of student for values from(0) to(10);
create table p1 partition of student for values from(10) to(20);
create table p2 partition of student for values from(20) to(30);
create table p3 partition of student for values from(30) to(40);
create table p4 partition of student for values from(40) to(50);
create table p5 partition of student for values from(50) to(60);
create table p6 partition of student for values from(60) to(70);
create table p7 partition of student for values from(70) to(80);
-- 各个分区添加主键（有约束、索引等的情况，也要添加）
alter table p0 add constraint p0_pkey_sid primary key(sid);
alter table p1 add constraint p1_pkey_sid primary key(sid);
alter table p2 add constraint p2_pkey_sid primary key(sid);
alter table p3 add constraint p3_pkey_sid primary key(sid);
alter table p4 add constraint p4_pkey_sid primary key(sid);
alter table p5 add constraint p5_pkey_sid primary key(sid);
alter table p6 add constraint p6_pkey_sid primary key(sid);
alter table p7 add constraint p7_pkey_sid primary key(sid);
-- 插入数据
insert into student(sname,score,birthday,ssex)values(' 小赵 ',5,'19830101',' 男 ');
insert into student(sname,score,birthday,ssex)values(' 小钱 ',10,'19830101',' 女 ');
insert into student(sname,score,birthday,ssex)values(' 小孙 ',15,'19840101',' 男 ');
insert into student(sname,score,birthday,ssex)values(' 小李 ',25,'19850101',' 女 ');
insert into student(sname,score,birthday,ssex)values(' 小周 ',35,'19860101',' 男 ');
insert into student(sname,score,birthday,ssex)values(' 小吴 ',45,'19870101',' 女 ');
insert into student(sname,score,birthday,ssex)values(' 小郑 ',55,'19870101',' 男 ');
```

```
insert into student(sname,score,birthday,ssex)values(' 小王 ',75,'19840101',' 男 ');
insert into student(sname,score,birthday,ssex)values(' 小冯 ',79,'19850101',' 女 ');
```

查询数据，如下图所示：

sid	sname	score	birthday	ssex
1 小赵		5	1983-01-01 00:00:00.000000	男
(sid: int4)		10	1983-01-01 00:00:00.000000	女
3 小孙		15	1984-01-01 00:00:00.000000	男
4 小李		25	1985-01-01 00:00:00.000000	女
5 小周		35	1986-01-01 00:00:00.000000	男
6 小吴		45	1987-01-01 00:00:00.000000	女
7 小郑		55	1987-01-01 00:00:00.000000	男
8 小王		75	1984-01-01 00:00:00.000000	男
9 小冯		79	1985-01-01 00:00:00.000000	女

图 7 分区表 student 的数据

2. 与 range columns 分区相对应的方法

使用表达式作为分区：例如 MySQL 的"年"，在 HGDB 上可以使用 date_part() 函数来实现，如下：

```
-- 创建分区表，用 date_part('year',birthday) 表达式取得年
create table student_birthday(
        sid serial,
        sname varchar(20),
        score integer,
        birthday timestamp(0),
        ssex varchar(10)
partition by range(date_part('year',birthday)));
-- 创建分区
create table p1981 partition of student_birthday for values from(1981) to(1983);
create table p1983 partition of student_birthday for values from(1983) to(1985);
create table p1985 partition of student_birthday for values from(1985) to(1987);
create table p1987 partition of student_birthday for values from(1987) to(1989);
-- 各个分区添加主键（有约束、索引等的情况，也要添加）
alter table p1981 add constraint p1981_pkey_sid primary key(sid);
alter table p1983 add constraint p1983_pkey_sid primary key(sid);
alter table p1985 add constraint p1985_pkey_sid primary key(sid);
alter table p1987 add constraint p1987_pkey_sid primary key(sid);
-- 插入数据
insert into student_birthday(sname,score,birthday,ssex)values(' 小赵 ',5,'19830101',' 男 ');
```

```
insert into student_birthday(sname,score,birthday,ssex)values(' 小钱 ',10,'19830101',' 女 ');
insert into student_birthday(sname,score,birthday,ssex)values(' 小孙 ',15,'19840101',' 男 ');
insert into student_birthday(sname,score,birthday,ssex)values(' 小李 ',25,'19850101',' 女 ');
insert into student_birthday(sname,score,birthday,ssex)values(' 小周 ',35,'19860101',' 男 ');
insert into student_birthday(sname,score,birthday,ssex)values(' 小吴 ',45,'19870101',' 女 ');
insert into student_birthday(sname,score,birthday,ssex)values(' 小郑 ',55,'19870101',' 男 ');
insert into student_birthday(sname,score,birthday,ssex)values(' 小王 ',75,'19840101',' 男 ');
insert into student_birthday(sname,score,birthday,ssex)values(' 小冯 ',79,'19850101',' 女 ');
```

查询数据，如下图所示：

sid	sname	score	birthday	ssex
1	小赵	5	1983-01-01 00:00:00.000000	男
2	小钱	10	1983-01-01 00:00:00.000000	女
3	小孙	15	1984-01-01 00:00:00.000000	男
8	小王	75	1984-01-01 00:00:00.000000	男
4	小李	25	1985-01-01 00:00:00.000000	女
5	小周	35	1986-01-01 00:00:00.000000	男
9	小冯	79	1985-01-01 00:00:00.000000	女
6	小吴	45	1987-01-01 00:00:00.000000	女
7	小郑	55	1987-01-01 00:00:00.000000	男

图 8 使用表达式作为分区查询到的数据

3. 与 MAXVALUE 的使用相对应的方法

当插入的数据超过或低于分区字段的范围时会报错，这时需要手动把范围扩大。

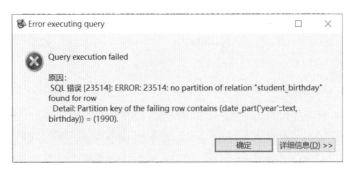

图 9 插入的数据超出或低于分区范围时所报错误信息

MINVALUE 分区，如下：

```
create table pminvalue partition of student_birthday for values from(minvalue) to(1981);
```

MAXVALUE 分区，如下：

```
create table pmaxvalue partition of student_birthday for values from(1989) to(maxvalue);
```

7.8.3. 关联的 support ID

一级分类	二级分类	文章名称	support ID
迁移	MySQL → HGDB	MySQL 与瀚高数据库的范围分区的语法及实例（APP）	018055704

本着用户使用体验至上的产品设计原则，瀚高数据库也在不断加大研发投入，增强与各种品牌数据库的兼容性，贴合开发人员的各种开发习惯。

第8章
.NET 应用程序连接 HGDB

8.1 NHGDB 的下载和配置

8.1.1. 瀚高 NHGDB 驱动下载

登录瀚高软件技术支持平台，在输入框中直接输入文章编号"017165404"，如右图所示：

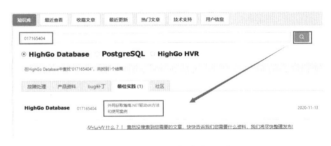

图 1 support 平台官方网站

点击打开文章，根据文章描述进行操作，下载瀚高 NHGDB 驱动即可，如右图所示：

图 2 dll 下载信息

8.1.2.NHGDB 驱动的参数配置

HGDB 驱动类：Nhgdb

URL 连接串：

Server=IP;Port=5866;User Id=username;Password=password;Database=dbname;

NHGDB 驱动参数配置：

1. 引入驱动

using Nhgdb;

2. 连接驱动

connection = new NhgdbConnection("Server=IP;Port=5866;User Id=username;Password=password;Database=dbname;");

connection.Open();

8.2 NET 应用程序开发案例

8.2.1.Web 工程建立

1. 打开 VS 2019，进入下面界面：

图 3 VS 2019 启动界面

2. 点击【创建新项目】，进入项目模板配置界面，如下图所示：

图 4 项目模板配置界面

3. 选择开发语言为 C#，平台为 Windows，项目类型为 Web，然后选择"ASP.NET Web 应用程序（.NET Framework)"，点击【下一步】，进入配置新项目界面，如下图所示：

图 5 配置新项目界面

4. 设置项目名称、存储位置、框架版本之后，点击【创建】，进入项目模板选择界面，如下图所示：

图 6 项目模板选择界面

5. 选择空的项目模板，点击【创建】，新的项目创建完成，如下图所示：

图 7 创建的新项目

6. 添加访问 HGDB 的 Nhgdb 驱动

在项目的"引用"上右键，选择"添加引用"，然后选择本地的 Nhgdb.dll 进行添加，如下图所示：

图 8 添加引用

7. 添加后的结果如下图所示：

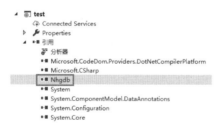

图 9 添加 Nhgdb.dll 后的结果

8. 至此，新的测试项目创建完毕，下面章节介绍对 HGDB 的连接和访问。

8.2.2. 连接 HGDB

1. 确认 HGDB

连接 HGDB 中 highgo 数据库，以 student 表数据为例，如右图所示：

```
highgo=# select * from student;
 stunum |   name    | sex | inclass
--------+-----------+-----+---------
     12 | .ming     |   1 | 计本016
     13 | angming   |   1 | 计本016
     14 | .aoming   |   1 | 计本016
     15 | aoming    |   1 | 计本016
     16 | nghua     |   0 | 计本016
     17 | uxiaofei  |   0 | 计本016
(6 行记录)

highgo=#
```

图 10 student 表数据查询

2. 在 Web.config 文件中配置数据库的连接信息

连接信息说明，如下：

name="highgo"：连接 HGDB 的字符串名

Server=127.0.0.1：HGDB 所在主机的 IP 地址

Port=5866：HGDB 端口号

User Id=highgo：连接 HGDB 的用户名

Password=a123456：连接 HGDB 的用户名相应的密码

Database=highgo：连接的数据库名

```
<configuration>
  ……
  <connectionStrings>
    <add name="highgo" connectionString="Server=127.0.0.1;Port=5866;User Id=highgo;Password=a123456;Database=highgo;"/>
  </connectionStrings>
</configuration>
```

3. 新建数据库访问类 dataAccess.cs，编写数据库连接的代码：

```
using System;
using System.Configuration;
using Nhgdb;
namespace test
{
    public class dataAccess
    {
        // 数据库连接串
        static private string strConn = ConfigurationManager.ConnectionStrings["highgo"].ConnectionString;
        public NhgdbConnection getConn()
        {
            NhgdbConnection conn = new NhgdbConnection(strConn);
            try
            {
                conn.Open();// 打开数据库连接
            }
```

```
        catch (Exception ex)
        {
            throw ex;
        }
        return conn;
    }
  }
}
```

8.2.3. 编写程序访问 HGDB

1. 新建显示数据列表的 DataList.aspx 页面

2. 在该页面上添加一个 GridView 控件，绑定 student 表的字段，用于显示数据：

```
<body>
<form id="form1" runat="server">
<div>
<asp:GridView ID="gvStudent" runat="server" Width="30%"
    Style="white-space: nowrap"AutoGenerateColumns="False">
<RowStyle BackColor="#E7E7FF" ForeColor="#4A3C8C" CssClass="gvRow" />
<HeaderStyle BackColor="#4A3C8C" Font-Bold="True" ForeColor="#F7F7F7"
CssClass="gvHeader" />
<AlternatingRowStyle BackColor="#F7F7F7" CssClass="gvAlternatingRow" />
<Columns>
    <asp:BoundField DataField="stunum" HeaderText=" 学号 " />
    <asp:BoundField DataField="name" HeaderText=" 姓名 " />
    <asp:BoundField DataField="sex" HeaderText=" 性别 " />
    <asp:BoundField DataField="inclass" HeaderText=" 所在班级 " />
</Columns>
</asp:GridView>
</div>
</form>
</body>
```

3. 在 DataList.aspx.cs 类中编写查询 student 表的方法，其中使用了 Nhgdb 驱动中的

NhgdbParameter 类，用于添加参数：

```
    protected void binddata(string strName = "", string strNum = "")
    {
        string sql = "select stunum,name,(case when sex=1 then ' 男 ' else ' 女 ' end) sex,inclass
from student where 1=1 ";
        List<NhgdbParameter> LhgdbParameter = new List<NhgdbParameter>();
        if (strName != "")
        {
            sql += " and name like :name ";
            LhgdbParameter.Add(new NhgdbParameter("name", "%"+strName+"%"));
        }
        if (strNum != "")
        {
            sql += " and stunum=:stunum ";
            LhgdbParameter.Add(new NhgdbParameter("stunum", strNum));
        }
        dataAccess aDb = new dataAccess();
        DataSet ds = aDb.sSelect(sql, "student", LhgdbParameter);
        gvStudent.DataSource = ds;
        gvStudent.DataBind();
    }
```

4. 在 dataAccess 类中编写 sSelect 方法，其中使用了 Nhgdb 驱动中的 NhgdbDataAdapter 类，用于填充 DataSet：

```
    public DataSet sSelect(string sql, string table, List<NhgdbParameter> Npc = null)
    {
        DataSet ds = new DataSet();
        // 建立数据库连接
        NhgdbConnection conn = getConn();
        NhgdbCommand cd = new NhgdbCommand();
        try
        {
            // 判断参数不为空
            if (Npc != null)
```

```
        {
            // 循环添加
        foreach (NhgdbParameter objNp in Npc)
        {
                cd.Parameters.Add(objNp);
            }
        }
        cd.CommandText = sql; // 指定 sql 语句
        cd.Connection = conn; // 指定数据库链接
        NhgdbDataAdapter da = new NhgdbDataAdapter(cd);
        da.Fill(ds, table);
        return ds;
    }
    catch (Exception ex)
    {
        throw ex;
    }
    finally
    {
        conn.Close();
    }
}
```

5. 在 DataList.aspx.cs 类的 Page_Load 方法中调用 binddata 方法：

```
protected void Page_Load(object sender, EventArgs e)
{
    // 页面第一次加载
    if (!IsPostBack)
    {
        // 绑定学生数据
        binddata();
    }
}
```

6.编译运行

在项目上右键，选择"生成"或者"重新生成"进行编译，失败数是 0 时表示编译成功：

图 11 编译程序

F5 运行程序，DataList 页面的显示结果如下图所示：

学号	姓名	性别	所在班级
12	:ing	男	计本016
13	ngming	男	计本016
14	oming	男	计本016
15	aoming	男	计本016
16	anghua	女	计本016
17	iaofei	女	计本016

图 12 运行后的结果

从程序运行结果可以看出，应用程序成功读取了 HGDB 表中的数据。

7.上面介绍的是对 HGDB 的查询操作，对于增删改的操作，需要做成相关的 SQL 语句，设置需要的参数，使用 NhgdbCommand 类中的 ExecuteNonQuery 方法执行 SQL 语句。详细的实现方式请参考 support 平台的文档【017165404 外网获取瀚高 .NET 驱动 dll 方法和使用案例】中的附件【Nhgdb 使用 demo.rar】，包含完整的范例。

第 9 章
.NET Core 应用程序连接 HGDB

9.1 NET Core 应用程序开发案例

9.1.1. 控制台工程建立

1. 打开 VS 2019，进入下面界面：

图 1 VS 2019 启动界面

2. 点击【创建新项目】，进入项目模板配置界面，如下图所示：

图 2 项目模板配置界面

3. 选择开发语言为 C#，平台为所有平台，项目类型为控制台，然后选择"控制台应用（.NET Core)"，点击【下一步】，进入新项目配置界面，如下图所示：

图 3 配置新项目界面

4. 设置项目名称，存储位置之后，点击【创建】，新的项目创建完成，如下图所示：

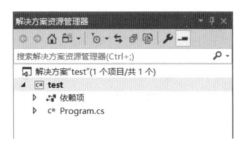

图 4 创建的新项目

5. 添加访问 HGDB 的 Nhgdb 驱动

在项目的"依赖项"上右键,选择"添加项目引用",然后选择本地的 Nhgdb.dll 进行添加,如下图所示:

图 5 添加项目引用

图 6 本地 Nhgdb.dll 选择

6. 添加后的结果如下图所示:

图 7 添加 Nhgdb.dll 后的结果

7. 至此,新的测试项目创建完毕,下面章节介绍对 HGDB 的连接和访问。

9.1.2. 连接 HGDB

1. 确认 HGDB

连接 HGDB 中 highgo 数据库,以 employee 表数据为例,如右图所示:

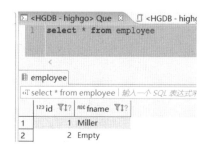

图 8 employee 表数据查询

2. 添加一个配置文件 appsettings.json 并配置数据库的连接信息

连接信息说明，如下：

name="highgo"：连接 HGDB 的字符串名

Server=127.0.0.1：HGDB 所在主机的 IP 地址

Port=5866：HGDB 端口号

User Id=highgo：连接 HGDB 的用户名

Password=hg123456：连接 HGDB 的用户名相应的密码

Database=highgo：连接的数据库名

```
"ConnectionStrings": {
    "highgo": "Server=127.0.0.1;Port=5866;User Id=highgo;Password=hg123456;Database=highgo;Command Timeout=0;"
}
```

3. 新建数据库访问类 dataAccess.cs，编写数据库连接操作的代码：

```
using Microsoft.Extensions.Configuration;
using Nhgdb;
using System.Data;

namespace test
{
    public class dataAccess
    {
        // 连接字串
        private string connectionString = null;

        /// <summary>
        /// 取得连接字串
        /// </summary>
        public dataAccess()
        {
            // 获取 appsettings.json 配置信息
            var config = new ConfigurationBuilder()
                    .SetBasePath(System.IO.Directory.GetCurrentDirectory())
                    .AddJsonFile("appsettings.json")
```

```
                    .Build();

        connectionString = config.GetConnectionString("highgo");
}


/// <summary>
/// 取得连接字串
/// </summary>
/// <returns> 连接字串 </returns>
public string GetConnectionString()
{
    return connectionString;
}


/// <summary>
/// 执行 SQL 操作，返回影响的资料数
/// </summary>
/// <param name="StrSQL">Sql 语句 </param>
/// <returns> 影响的资料数 </returns>
public int ExcuteSQL(string StrSQL)
{
    using (NhgdbConnection conn = new NhgdbConnection())
    {
        try
        {
            conn.ConnectionString = connectionString;
            conn.Open();

            NhgdbCommand sc = new NhgdbCommand(StrSQL);
            sc.Connection = conn;

            int i = sc.ExecuteNonQuery();
            conn.Close();
```

```
            return i;
        }
        catch (NhgdbException ex)
        {
            conn.Close();
            throw ex;
        }
    }
}


/// <summary>
/// 执行 NhgdbCommand 操作，返回影响的资料数
/// </summary>
/// <param name="command">NhgdbCommand 对象 </param>
/// <returns> 影响的资料数 </returns>
public int ExcuteSQL(NhgdbCommand command)
{
    using (NhgdbConnection conn = new NhgdbConnection())
    {
        try
        {
            conn.ConnectionString = connectionString;
            conn.Open();

            command.Connection = conn;

            int i = command.ExecuteNonQuery();
            conn.Close();

            return i;
        }
        catch (NhgdbException ex)
        {
            conn.Close();
```

```
        throw ex;

    }

  }

}


/// <summary>
/// 执行查询 SQL 操作，返回查询资料结果集
/// </summary>
/// <param name="sql">Sql 语句 </param>
/// <returns> 资料结果集 </returns>
public DataTable GetDataTable(string sql)
{
  DataTable dt = new DataTable();

  using (NhgdbConnection conn = new NhgdbConnection())
  {
    try
    {
      conn.ConnectionString = connectionString;
      conn.Open();

      NhgdbCommand sc = new NhgdbCommand(sql);
      sc.Connection = conn;
      sc.CommandTimeout = 0;

      NhgdbDataAdapter adapter = new NhgdbDataAdapter(sc);

      adapter.Fill(dt);
      conn.Close();
    }
    catch (NhgdbException ex)
    {
      conn.Close();
      throw ex;
```

```
        }
    }

    return dt;
}

/// <summary>
/// NhgdbCommand，返回查询资料结果集
/// </summary>
/// <param name="command">NhgdbCommand</param>
/// <returns> 资料结果集 </returns>
public DataTable GetDataTable(NhgdbCommand command)
{
    DataTable dt = new DataTable();

    using (NhgdbConnection conn = new NhgdbConnection())
    {
        try
        {
            conn.ConnectionString = connectionString;
            conn.Open();

            command.Connection = conn;
            command.CommandTimeout = 0;

            NhgdbDataAdapter adapter = new NhgdbDataAdapter(command);

            adapter.Fill(dt);
            conn.Close();
        }
        catch (NhgdbException ex)
        {
            conn.Close();
            throw ex;
```

```
        }
    }


    return dt;
    }
  }
}
```

9.1.3. 编写程序访问 HGDB

1. 在 Program.cs 页面编写增删改查代码。

2. 在 Program.cs 页面编写查询代码：

```
public static DataTable GetEmployee(dataAccess dconn)
{
    string strSql = "SELECT * FROM employee ";


    return dconn.GetDataTable(strSql);
}
```

3. 在 Program.cs 页面编写新增代码：

```
public static void InsertEmployee(string strName, dataAccess dconn)
{
    string strSql = "";


    strSql = "INSERT INTO employee " +
        "(fname) " +
        "VALUES " +
        "(@Name) ";


    NhgdbCommand command = new NhgdbCommand(strSql);
    command.Parameters.Add(new NhgdbParameter("@Name", strName));


    dconn.ExcuteSQL(command);
}
```

4. 在 Program.cs 页面编写修改代码：

```
public static void UpdateEmployee(string strid, string strName, dataAccess dconn)
{
    string strSql = "";

    strSql = "UPDATE employee " +
        "set fname = @Name " +
        "WHERE " +
        "id = @id ";

    NhgdbCommand command = new NhgdbCommand(strSql);
    command.Parameters.Add(new NhgdbParameter("@id", strid));
    command.Parameters.Add(new NhgdbParameter("@Name", strName));

    dconn.ExcuteSQL(command);
}
```

5. 在 Program.cs 页面编写删除代码：

```
public static void DeleteEmployee(string strid, dataAccess dconn)
{
    string strSql = "";

    strSql = "DELETE FROM employee " +
        "WHERE " +
        "id = @id ";

    NhgdbCommand command = new NhgdbCommand(strSql);
    command.Parameters.Add(new NhgdbParameter("@id", strid));

    dconn.ExcuteSQL(command);
}
```

6. 编译运行

在项目上右键，选择"生成"或者"重新生成"进行编译，失败数是 0 时表示编译成功：

图 9 编译程序

F5 运行程序，并输入 1，显示结果如下图所示：

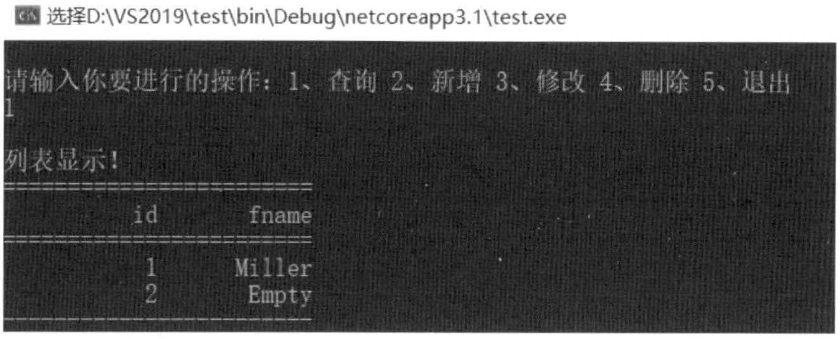

图 10 运行后的结果

从程序运行结果可以看出，应用程序成功读取了 HGDB 表中的数据。

第 10 章
.NET 项目部署

10.1 IIS 部署

10.1.1. 安装 Internet 信息服务（IIS）管理器

1. 打开 Windows 功能界面

　　"控制面板\程序\程序和功能"→"启用或关闭 Windows 功能"→在"Windows 功能"窗口中勾选与 IIS 功能相关的各项。

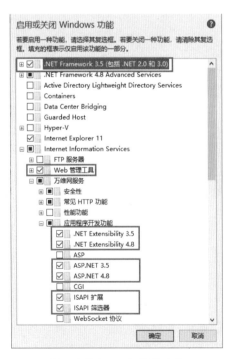

图 1 选择与 IIS 相关的功能

2. 与 IIS 相关的功能选择之后，点击【确定】，等待安装完成即可。

10.1.2. 项目发布

1. 在项目上右键：

图 2 项目发布

2. 点击【发布】，进入发布目标选择界面：

图 3 发布目标选择界面

3. 选择发布目标为"文件夹"，点击【下一步】，进入发布位置选择界面：

图 4 发布位置选择界面

4. 设置文件夹的位置，点击【完成】即可。

图 5 发布配置完成界面

5. 点击【发布】，等待发布结束即可。

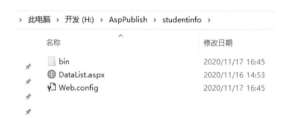

图 6 发布后的文件

10.1.3. 在 IIS 服务管理器中添加网站

1. 打开 "Internet Information Services (IIS) 管理器"

控制面板 \ 所有控制面板项 \ 管理工具，双击打开 "Internet Information Services (IIS) 管理器"。

图 7 Internet Information Services (IIS) 管理器

2. 在网站上右键，选择"添加网站"，进入下面界面：

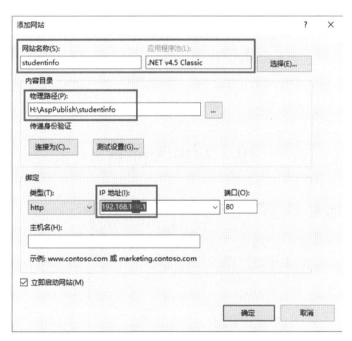

图 8 添加网站界面

3. 按照下图配置网络信息：

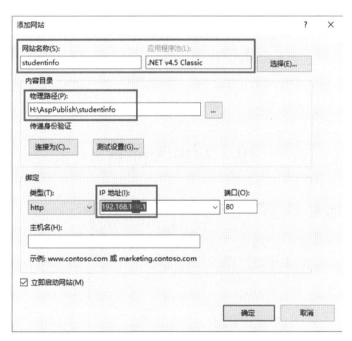

图 9 网络信息配置后的结果

4. 配置完成后，点击【确定】即可。

图 10 做成的 studentinfo 网站

10.1.4. IIS 配置完成，在浏览器中访问

1. 修改 Web.config 文件中的数据库信息：

```
<connectionStrings>
    <add name="highgo" connectionString="Server=127.0.0.1;Port=5866;User Id=highgo;Password=hg123456;Database=highgo;"/>
</connectionStrings>
```

2. 在浏览器中输入 192.168.119.1/DataList.aspx 进行访问：

图 11 访问结果

10.2 Linux 部署

10.2.1. 项目发布

1. 在项目上单击右键：

图 12 项目发布

2. 点击【发布】，进入发布目标选择界面：

图 13 发布目标选择界面

3. 选择发布目标为"文件夹"，点击【下一步】，进入发布位置选择界面：

图 14 发布位置选择界面

4. 设置文件夹的位置，点击【完成】即可。

图 15 发布配置完成界面

5. 点击【发布】，等待发布结束即可。发布后的文件如下图所示：

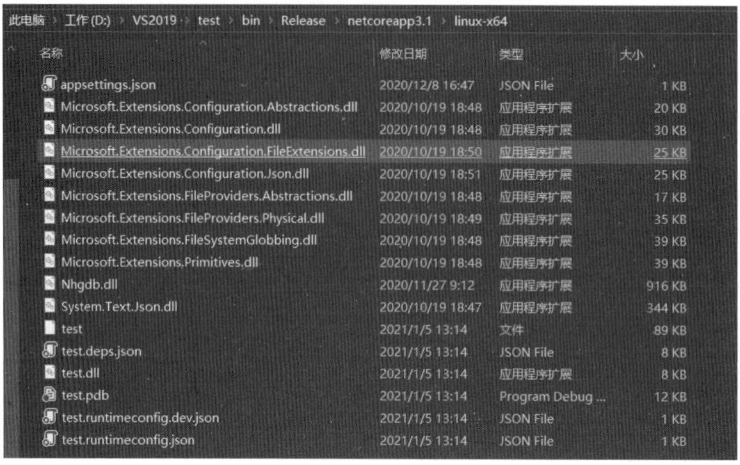

图 16 发布后的文件

10.2.2.Centos 上安装 .NET Core SDK

1. 安装依赖

在安装 .NET 之前，需要注册产品存储库并安装所需的依赖关系：

sudo rpm –Uvh https://packages.microsoft.com/config/centos/7/packages–microsoft–prod.rpm

图 17 安装依赖

2. 安装 SDK

sudo yum install dotnet–sdk–3.1

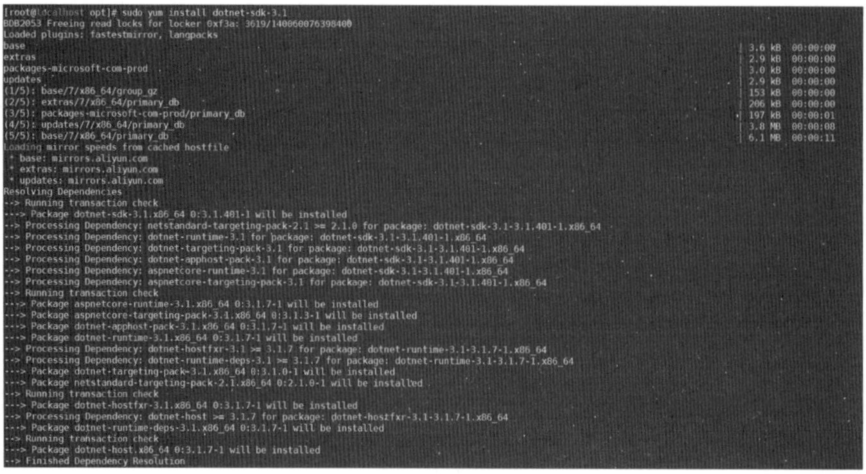

图 18 安装 SDK 开始

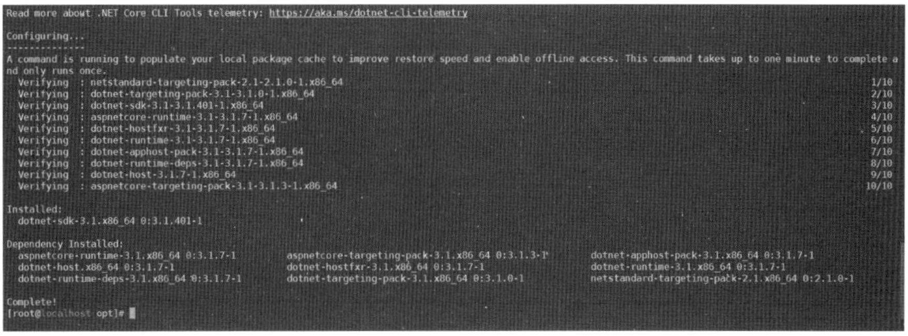

图 19 安装依赖结束

3. 查看 SDK

dotnet --list-sdks

dotnet --version

dotnet --list-runtimes

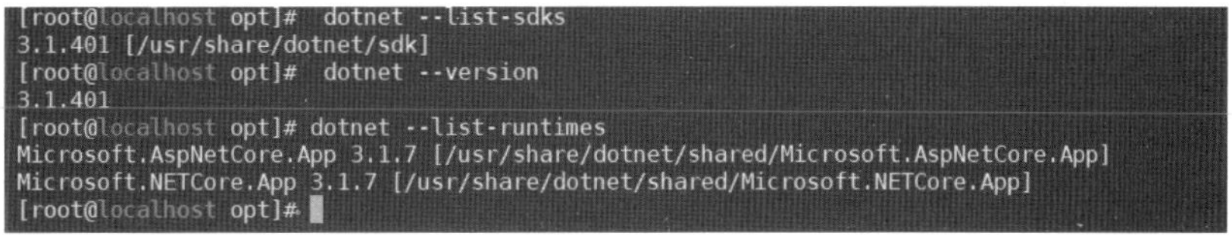

图 20 查看 SDK

10.2.3. 在 Centos 上部署

1. 将 10.2.1 项目发布后的文件上传到 Centos

将 bin\Release\netcoreapp3.1\linux-x64 目录下文件上传到 Centos。

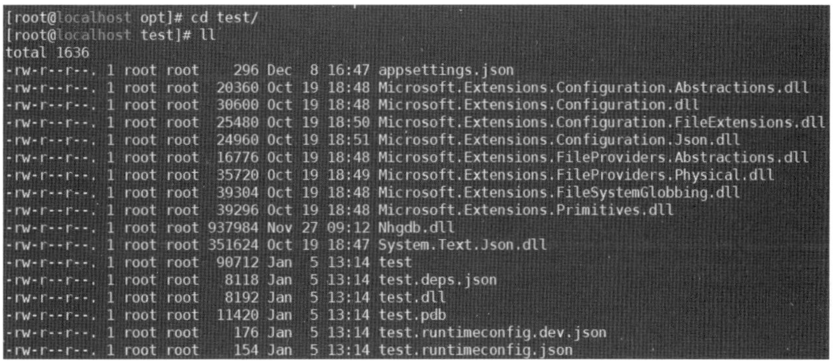

图 21 上传到 Centos

10.2.4. 运行程序

1. 修改 appsettings.json 文件中的数据库信息:

```
"ConnectionStrings": {
    "highgo": "Server=192.168.222.154;Port=5866;User Id=highgo;Password=Highgo@123;Database=highgo;Command Timeout=0;"
    }
```

2. 运行程序

dotnet test.dll

图 22 运行结果

瀚高简介

瀚高基础软件股份有限公司成立于 2005 年，是国内数据库行业龙头企业、国内数据库行业标准主导企业，也是工信部评定的专精特新"小巨人"企业、第四届中国质量奖提名奖企业，专业从事数据库管理系统研发、销售与服务。公司设有济南、青岛、北京、成都四大研发中心，在全国主要城市建立子公司和分支机构，拥有遍布全国百余家服务合作伙伴，现已实现全国市场支撑、供应链保障体系建设。

瀚高是我国优秀软件企业、国家高新技术企业，是中央政府采购网、中共中央直属机关采购中心指定的数据库软件供应商，已通过国家多项核心机构的产品性能和功能测评，具备国产数据库产品的各项资质和认证。

公司始终以自主研发为中心，不断完善产品体系，产品涵盖在线交易、数据分析、数据传输、容灾备份等场景。围绕瀚高数据库企业版、安全版，辅之以各类数据管理工具，打造了完整的产品矩阵，可切实解决各行业、各领域的核心需求。瀚高数据库管理系统始终专注于企业级市场，是安全、稳定、高效的企业级 OLTP 数据库，在承担海量数据、高并发的复杂业务应用方面表现出色，能够满足企业级应用对数据管理的需求。目前产品已在电子政务、公共服务、地理信息等多个业务领域的核心系统得到广泛应用，赢得用户及专家的广泛好评。

官网：http://www.highgo.com